4コマでわかる 高校物理基礎

Gakken

本書の使い方

単元名

ここで学習するテーマです。

例題

この単元で学習する基本問題です。まずは解答を見ずに挑戦してみましょう。

4コマでわかる解法のポイント

例題を解くための考え方や公式を楽しく教えてくれます。例題を読んでつまずいてしまったら，ポイントを確認しましょう。

速さと速度

1章 1

速さと速度は違う？

いよいよ物理基礎の学習のスタート。まずは「速さ」と「速度」についてだ。同じことのように感じるこの二つ，実は明確な違いがあるんだ。

例題

600 m を 50 秒間で東向きに走る自動車がある。東向きを正の向きとするとき，次の各問いに答えよ。

(1) 速さは何 m/s か。

(2) 速度は何 m/s か。

1回分の学習は 2 ページです。
4コマで楽しみながら
高校物理基礎を学習しましょう。

| 解くための準備 |

例題の解答に入る前に，この単元で知っておくべき重要な内容を説明しています。

解 答 & 解 説

解く前の準備

単位時間（1時間や1秒間など）あたりに進む移動距離のことを速さといい，速さと運動の向きを表す量のことを速度という。速度を求めるためには，どの向きが正の向きになっているかを確認することが重要だ。

- 速さ … 大きさ（数字）を表すもの。左図では 10 m/s
- 速度 … 大きさ（数字）と向き（符号）を表すもの。左図では
  正の向きと移動の向きが逆なので−10 m/s

速さを v〔m/s〕，移動距離を x〔m〕，かかった時間を t〔s〕とすると，速さは次の式で求めることができる。

$$v = \frac{x}{t} \quad \cdots\cdots ①$$

| 解答 |

例題の解答です。解き方をしっかりと確認しましょう。

解答

(1) ①式を使って，まずは速さ v を求める。今回の問題では移動距離が 600 m，かかった時間が 50 秒間なので，$x = 600$ m，$t = 50$ s を①式に代入して

$$v = \frac{600 \text{ m}}{50 \text{ s}} = 12 \text{ m/s} \quad \text{答え}$$

(2) 次に速度を求める。問題文より，東向きが正（＋）の向きであり，進んでいる向きは東向きである。そのため，(1)で求めた速さに＋の符号をつけて

$$+12 \text{ m/s} \quad \text{答え}$$

| まとめ |

この単元で重要な用語や公式をまとめています。テスト前にチェックしましょう。

まとめ：速さと速度

・速さは「大きさ」のみ，速度は「大きさ」と「向き」をもつ。
・速さは次の式で求められる。

$$v = \frac{x}{t} \qquad v:速さ〔m/s〕 \quad x:移動距離〔m〕 \quad t:かかった時間〔s〕$$

009

CONTENTS

速さと速度

速さと速度は違う？

いよいよ物理基礎の学習のスタート。まずは「速さ」と「速度」について
だ。同じことのように感じるこの二つ，実は明確な違いがあるんだ。

例題

　600 m を 50 秒間で東向きに走る自動車がある。東向きを正の向きとするとき，
次の各問いに答えよ。

(1)　速さは何 m/s か。

(2)　速度は何 m/s か。

4コマ でわかる解法のポイント

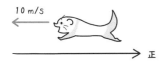

解く前の準備

単位時間（１時間や１秒間など）あたりに進む移動距離のことを速さといい，速さと運動の向きを表す量のことを速度という。速度を求めるためには，どの向きが正の向きになっているかを確認することが重要だ。

- 速さ … 大きさ（数字）を表すもの。左図では 10 m/s
- 速度 … 大きさ（数字）と向き（符号）を表すもの。左図では正の向きと移動の向きが逆なので −10 m/s

速さを v〔m/s〕，移動距離を x〔m〕，かかった時間を t〔s〕とすると，速さは次の式で求めることができる。

$$v = \frac{x}{t} \quad \cdots\cdots ①$$

解答

(1) ①式を使って，まずは速さ v を求める。今回の問題では移動距離が 600 m，かかった時間が 50 秒間なので，$x = 600$ m，$t = 50$ s を①式に代入して

$$v = \frac{600 \text{ m}}{50 \text{ s}} = 12 \text{ m/s} \quad \boxed{答え}$$

(2) 次に速度を求める。問題文より，東向きが正（＋）の向きであり，進んでいる向きは東向きである。そのため，(1)で求めた速さに＋の符号をつけて

$$+12 \text{ m/s} \quad \boxed{答え}$$

● まとめ：速さと速度

・速さは「大きさ」のみ，速度は「大きさ」と「向き」をもつ。

・速さは次の式で求められる。

$$v = \frac{x}{t} \qquad v : 速さ〔m/s〕 \qquad x : 移動距離〔m〕 \qquad t : かかった時間〔s〕$$

1章 2

平均の速度と瞬間の速度

平均の速度を求めてみよう

次は「平均の速度」と「瞬間の速度」についてだ。二つの速度の違いを理解して，平均の速度については計算できるようにしよう。

例題

　ある高校生が 50 m を走る。スタートからゴールまで 10 秒かかったとき，次の各問いに答えよ。ただし，スタートからゴールまでの向きを正の向きとする。

(1) このときの平均の速度は何 m/s か。

(2) ゴールからスタートまで 25 秒で戻ったとき，平均の速度は何 m/s か。

4コマでわかる解法のポイント

解答 & 解説

解く前の準備

速度には平均の速度と瞬間の速度の2種類がある。平均の速度は，スタートからゴールまでの2点間の変位をかかった時間で割ることで求められる。瞬間の速度は，きわめて短い時間における平均の速度のことである。

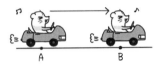

●平均の速度 … A から B までの変位とかかった時間から求める速度
●瞬間の速度 … A の位置の速度，または B の位置の速度

スタートからゴールまでの変位を x〔m〕とし，それまでにかかった時間を t〔s〕とすると，平均の速度 $\bar{v}$〔m/s〕は次の式で求めることができる。

$$\bar{v} = \frac{x}{t} \quad \cdots\cdots ②$$

解答

(1) ②式を使って平均の速度 $\bar{v}$ を求める。ここではスタートからゴールまでの変位が 50 m であり，かかった時間が10秒なので，$x = 50$ m，$t = 10$ s を②式に代入して

$$\bar{v} = \frac{50\ \text{m}}{10\ \text{s}} = 5.0\ \text{m/s} \quad 答え$$

(2) (1)と同様にして平均の速度 $\bar{v}$ を求める。ゴールからスタートに戻っているため，変位は−50 m であり，かかった時間が25秒なので，$x = -50$ m，$t = 25$ s を②式に代入して

$$\bar{v} = \frac{-50\ \text{m}}{25\ \text{s}} = -2.0\ \text{m/s} \quad 答え$$

まとめ：平均の速度と瞬間の速度

・速度には平均の速度と瞬間の速度の2種類がある。
・平均の速度は次の式で求められる。

$$\bar{v} = \frac{x}{t}$$
$\bar{v}$：平均の速度〔m/s〕　　x：変位〔m〕　　t：かかった時間〔s〕

1章 3 等速直線運動
速さが変わらない運動

等速直線運動は中学でも学習した内容だ。難しいことは出てこないので，もし忘れてしまっていたらここでしっかり思い出そう。

例題

等速直線運動をする物体が，6.0秒間に30 m進んだ。このとき，次の各問いに答えよ。

(1) この物体の速さは何 m/s か。

(2) この物体が(1)の速さで8.0秒間運動したとき，進んだ距離は何 m か。

4コマでわかる解法のポイント

解答 & 解説

解く前の準備

この運動は一直線上を一定の速さで進む運動である。このような運動を**等速直線運動**という。等速直線運動は物体の速度が一定の運動なので，**等速度運動**ともいう。

一定の速さを v [m/s] とし，移動距離を x [m]，それまでにかかった時間を t [s] とすると，等速直線運動には次のような関係がある。

$$x = vt \quad \cdots\cdots ③$$

解答

(1) ③式を使って物体の速さ v を求める。問題文より，移動距離が 30 m であり，かかった時間が 6.0 秒間なので，$x = 30$ m，$t = 6.0$ s を③式に代入して

$$30\,\text{m} = v \times 6.0\,\text{s}$$

$$v = \frac{30\,\text{m}}{6.0\,\text{s}} = 5.0\,\text{m/s} \quad \text{答え}$$

(2) ③式を使って進んだ距離 x を求める。(1)で求めた速さが 5.0 m/s であり，かかった時間が 8.0 秒なので，$v = 5.0$ m/s，$t = 8.0$ s を③式に代入して

$$x = 5.0\,\text{m/s} \times 8.0\,\text{s} = 40\,\text{m} \quad \text{答え}$$

● まとめ：等速直線運動

- 一直線上を一定の速さで進む運動を**等速直線運動**という。
- 等速直線運動には次の関係式がある。

$$x = vt \qquad v：速さ [m/s] \qquad x：移動距離 [m] \qquad t：かかった時間 [s]$$

速度の合成
速度を合成する方法は？

駅や空港にある「動く歩道」を歩いたことはあるだろうか。あれは自分の
歩く速度に水平型エスカレーターの速度が足されることで速く進めるのだ。

例題

　静水（流れのない状態の水）の上を 10 m/s の速さで進む船がある。この船が
速さ 2.0 m/s で流れるまっすぐな川を、川の流れと同じ方向に進む場合を考える。
川の流れの向きを正としたとき、岸から見た船の速度は何 m/s か。

4コマ でわかる解法のポイント

解 答 & 解 説

解く前の準備

今回の問題のように 2 つ以上の速度どうしを計算することを **速度の合成** といい，計算した結果得られる速度を **合成速度** という。直線上を運動しているとき，ある速度 v_A と v_B の合成速度 v は，次のように求めることができる。

$$v = v_A + v_B \quad \cdots\cdots ④$$

速度は大きさと向きをもつ。そのため，合成速度を求めるときには向きを符号で表して，符号付きの数字を代入する。

解答

川の上を進む船を岸から見た場合，観測する人は静水時の船の速度 v_A と川の流れの速度 v_B を考える必要がある。

問題文より，川の流れの向きを正とすると，船の進む方向は川の流れと同じであり，その速さは 10 m/s なので，船の速度は $v_A = +10$ m/s である。また，川の速さは 2.0 m/s なので，川の速度は $v_B = +2.0$ m/s である。

よって，④式を用いて合成速度 v を求めると
$$v = (+10\,\text{m/s}) + (+2.0\,\text{m/s})$$
$$= +12\,\text{m/s} \quad \boxed{答え}$$

まとめ：速度の合成

・2 つ以上の速度どうしを計算することを **速度の合成** といい，計算した結果得られる速度を **合成速度** という。

・直線上を運動しているとき，速度 A と速度 B の合成速度は次の式で求められる。

$$v = v_A + v_B \quad v:合成速度 \text{（m/s）} \quad v_A:速度 A \text{（m/s）} \quad v_B:速度 B \text{（m/s）}$$

相対速度
動いている人から見た速度

自動車の中から同じくらいの速度で隣を走る自動車を見ると，ゆっくりと
動いて見えるだろう。そのゆっくりと動いて見える速度が相対速度だ。

例題

　物体 A，B が同じ方向に向かって進んでいる。進行方向を正の向きとしたとき，
次の条件における物体 A に対する物体 B の相対速度を求めよ。

⑴　物体 A：10 km/h，物体 B：20 km/h

⑵　物体 A：30 km/h，物体 B：20 km/h

4コマでわかる解法のポイント

1

相対速度ってなんですか？

説明が難しいから，
先に式を教えておこう。

Aに対するBの相対速度
＝Bの速度－Aの速度

2

例えばゆいさんを物体A，
フェレットくんを物体Bとして
ゆいさんからフェレットくん
の動きを考えるよ。

みんなもゆいさん視点になって
みよう！

わ〜
ゴーカートだ〜♪

A ゆい　　　　　　　　　B フェレット

3

フェレットくんの方が速いときは
前に離れていくね。
これはBの方がAより速度が大きい
ってことだよ。符号は＋だよ

A　　　　B

時速10km　　時速20km

ぐやじい〜〜　　やっほ〜♪

4

逆にフェレットくんの方が遅いときは
後ろに離れていくよね。
これはBの方がAより速度が小さい
ってことだよ。符号は－になるんだ

え〜い！走った方が遅いっ!!

B　　　　A

時速20km　　時速30km

じゃあね〜

解答 & 解説

解く前の準備

同じ速度で動いている物体を見る場合，観測者が静止しているのか運動しているのかで，見ている物体の速度は違って見える。動いている物体（観測者）から他の物体を見たときの速度のことを**相対速度**という。

「A に対する B の相対速度」という表現の場合，A が観測者であり，B が観測される側の物体である。そして，A の速度を v_A，B の速度を v_B とすると，その相対速度 V は次のようにして求めることができる。

$$V = v_B - v_A \quad \cdots\cdots ⑤$$

相対速度は「見られる側の速度」から「見る側の速度」を引くことで求められる。また，合成速度を求めるときと同じように，相対速度を求めるときも，向きを符号で表して，符号付きの数字を代入する。

解答

(1) ⑤式を使って物体 A に対する物体 B の相対速度 V を求める。物体 A と物体 B は同じ方向に進んでおり，物体 A の速度は $v_A = 10\,\text{km/h}$，物体 B の速度は $v_B = 20\,\text{km/h}$ であるから，⑤式に代入して

$$V = 20\,\text{km/h} - 10\,\text{km/h} = +10\,\text{km/h} \quad \boxed{\text{答え}}$$

(2) (1)と同様にして求める。物体 A と物体 B は同じ方向に進んでおり，物体 A の速度は $v_A = 30\,\text{km/h}$，物体 B の速度は $v_B = 20\,\text{km/h}$ であるから，⑤式に代入して

$$V = 20\,\text{km/h} - 30\,\text{km/h} = -10\,\text{km/h} \quad \boxed{\text{答え}}$$

● まとめ：相対速度

・動いている物体（観測者）から他の物体を見たときの速度を**相対速度**という。
・A に対する B の相対速度は次の式で求められる。

$$V = v_B - v_A$$

V：A に対する B の相対速度〔m/s〕
v_A：速度 A〔m/s〕　　v_B：速度 B〔m/s〕

1章 6　直線運動の加速度
速度の変化はどう表す？

マラソンを走ると，途中で速度を上げたり下げたりすることがある。では，
速度の変化はどのように表すことができるのだろうか。

例題

　一直線上を 2.0 m/s で右向きに進む物体がある。右向きを正としたとき，次
の各問いに答えよ。

⑴　2.0 秒後，速さが右向きに 8.0 m/s となった。物体の加速度は何 m/s^2 か。

⑵　9.0 秒後，速さが左向きに 7.0 m/s となった。物体の加速度は何 m/s^2 か。

4コマでわかる解法のポイント

解 答 & 解 説

解く前の準備

時間によって速度が変化するとき，速度がどのように変化したかを知る必要がある。単位時間あたりの速度の変化を**加速度**といい，単位は m/s^2（メートル毎秒毎秒）である。

加速度 a〔m/s^2〕は，速度の変化をかかった時間で割ることで求められる。はじめの速度を v_1〔m/s〕，あとの速度を v_2〔m/s〕とすると，速度の変化は $v_2 - v_1$ で表される。また，はじめの時刻を t_1〔s〕，あとの時刻を t_2〔s〕とすると，かかった時間は $t_2 - t_1$ で表される。よって，加速度は次の式で求めることができる。

$$a = \frac{v_2 - v_1}{t_2 - t_1} \quad \cdots\cdots ⑥$$

加速度を求めるときは速度を使うので，加速度も大きさと向きをもっている。計算するときは，符号のつけ忘れに注意する。

解答

(1) ⑥式を使って物体の加速度 a を求める。問題文より右向きが正の向きなので，はじめの速度は $v_1 = +2.0\ m/s$，あとの速度は $v_2 = +8.0\ m/s$ である。かかった時間は 2.0 秒間なので，$t_2 - t_1 = 2.0\ s$ を⑥式に代入すると

$$a = \frac{(+8.0\ m/s) - (+2.0\ m/s)}{2.0\ s} = +3.0\ m/s^2 \quad \text{答え}$$

(2) (1)と同様にして求める。あとの速度は左向きであるため，$v_2 = -7.0\ m/s$ である。かかった時間は 9.0 秒間なので，$t_2 - t_1 = 9.0\ s$ を⑥式に代入すると

$$a = \frac{(-7.0\ m/s) - (+2.0\ m/s)}{9.0\ s} = -1.0\ m/s^2 \quad \text{答え}$$

● まとめ：直線運動の加速度

・単位時間あたりの速度の変化を**加速度**といい，単位は m/s^2 である。

・加速度は次の式で求められる。

$$a = \frac{v_2 - v_1}{t_2 - t_1} \qquad a：加速度〔m/s^2〕 \qquad v_1：はじめの速さ〔m/s〕 \qquad v_2：あとの速さ〔m/s〕$$
$$t_1：はじめの時刻〔s〕 \qquad t_2：あとの時刻〔s〕$$

等加速度直線運動の求め方

一直線上を一定の加速度で進む運動について学習する。この運動についての考え方を学んでいこう。

例題

x 軸上を運動する物体が，原点 O から初速度 4.0 m/s，加速度 2.0 m/s^2 で動き出した。次の各問いに答えよ。

⑴　動き出してから 3.0 秒後の物体の速度は何 m/s か。

⑵　動き出してから 5.0 秒後の物体の位置は何 m か。

4コマでわかる解法のポイント

解答 & 解説

解く前の準備

一直線上を一定の加速度で進む運動を等加速度直線運動という。このとき，速度は一定の割合で増加する。等加速度直線運動では，物体の速度を v〔m/s〕，初速度を v_0〔m/s〕，加速度を a〔m/s²〕，時間を t〔s〕，変位を x〔m〕とすると，次の 3 つの式が成り立つ。

速度と時間の式　$v = v_0 + at$　……⑦

変位と時間の式　$x = v_0 t + \dfrac{1}{2}at^2$　……⑧

速度と変位の式　$v^2 - v_0^2 = 2ax$　……⑨

3 つの式を使い分けるためには，「問題文からわかるもの」と「求めたいもの」がどれかを把握することが大切である。

解答

(1) 問題文から初速度 v_0，加速度 a，時間 t がわかり，求めたいものは速度 v である。よって，これらが使われている⑦式に $v_0 = 4.0\,\mathrm{m/s}$，$a = 2.0\,\mathrm{m/s^2}$，$t = 3.0\,\mathrm{s}$ を代入して

$$v = 4.0\,\mathrm{m/s} + (2.0\,\mathrm{m/s^2}) \times (3.0\,\mathrm{s}) = \boxed{10\,\mathrm{m/s}}\ \text{答え}$$

(2) 問題文から初速度 v_0，加速度 a，時間 t がわかり，求めたいものは変位 x である。よって，これらが使われている⑧式に $v_0 = 4.0\,\mathrm{m/s}$，$a = 2.0\,\mathrm{m/s^2}$，$t = 3.0\,\mathrm{s}$ を代入して

$$x = (4.0\,\mathrm{m/s}) \times (3.0\,\mathrm{s}) + \frac{1}{2} \times (2.0\,\mathrm{m/s^2}) \times (3.0\,\mathrm{s})^2$$

$$= 12\,\mathrm{m} + 9.0\,\mathrm{m} = \boxed{21\,\mathrm{m}}\ \text{答え}$$

● まとめ：等加速度直線運動

・一直線上を一定の加速度で進む運動を等加速度直線運動という。
・等加速度直線運動では，次の 3 つの式が成り立つ。

$$① \ v = v_0 + at \quad ② \ x = v_0 t + \frac{1}{2}at^2 \quad ③ \ v^2 - v_0^2 = 2ax$$

v：速度〔m/s〕　　v_0：初速度〔m/s〕　　a：加速度〔m/s²〕
t：時間〔s〕　　x：変位〔m〕

1章 8 v-t グラフ
v-t グラフを読み取ろう！

速度と時間の関係を表したグラフと v-t グラフという。このグラフから運動のようすを読み取れるようになろう。

例題

右図はある物体の運動を表した v-t グラフである。次の各問いに答えよ。

(1) この物体の加速度は何 m/s^2 か。

(2) 0 秒から 4.0 秒までに動いた距離は何 m か。

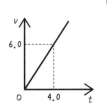

4コマでわかる解法のポイント

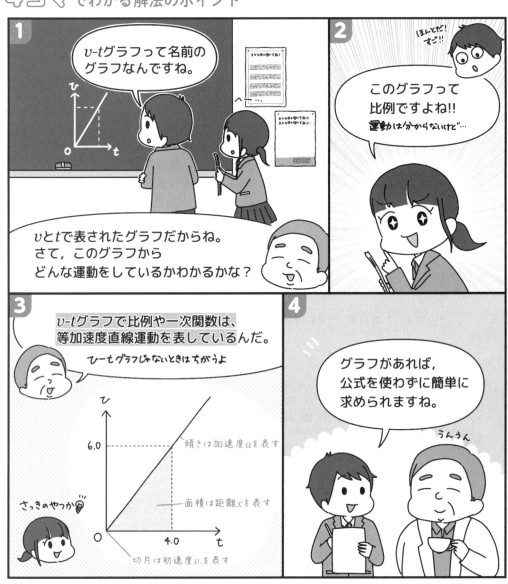

解答 & 解説

解く前の準備

縦軸に速度 v〔m/s〕，横軸に時間 t〔s〕をとったグラフを v-t グラフという。等加速度直線運動では，v-t グラフは一次関数の形になる。

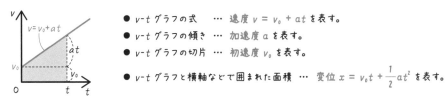

● v-t グラフの式 … 速度 $v = v_0 + at$ を表す。

● v-t グラフの傾き … 加速度 a を表す。

● v-t グラフの切片 … 初速度 v_0 を表す。

● v-t グラフと横軸などで囲まれた面積 … 変位 $x = v_0 t + \dfrac{1}{2}at^2$ を表す。

解答

(1) 加速度 a は v-t グラフの傾きである。傾きは $\dfrac{縦軸の変化量}{横軸の変化量}$ で表されるので

$$a = \frac{6.0 \text{ m/s}}{4.0 \text{ s}} = 1.5 \text{ m/s}^2 \text{ 答え}$$

(2) 0 秒から 4.0 秒までに動いた距離 x は，図の色がぬられた部分の面積なので

$$x = \frac{1}{2} \times (6.0 \text{ m/s}) \times (4.0 \text{ s})$$

$$= 12 \text{ m} \text{ 答え}$$

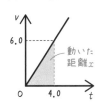

● まとめ：v-t グラフ

・縦軸に速度 v，横軸に時間 t をとったグラフを v-t グラフという。

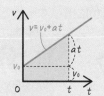

● v-t グラフの式 … 速度 $v = v_0 + at$ を表す。

● v-t グラフの傾き … 加速度 a を表す。

● v-t グラフの切片 … 初速度 v_0 を表す。

● v-t グラフと横軸などで囲まれた面積 … 変位 $x = v_0 t + \dfrac{1}{2}at^2$ を表す。

ものが落ちる運動とは？

ものをある高さの位置からはなすと必ず真下におちる。ものがおちる運動には決まりがある。どんな決まりがあるのか学んでいこう。

例題

教室の窓から小球を静かに落下させた。鉛直下向きを正の向き，重力加速度の大きさを $9.8\,\mathrm{m/s^2}$，空気抵抗は考えないものとして，次の各問いに答えよ。

(1) 2.0 秒後の小球の速度は何 m/s か。

(2) 速度が 7.0 m/s になった地点は，窓から何 m 下の位置か。

4コマでわかる解法のポイント

解答 & 解説

解く前の準備

空気抵抗を受けないときに物体を静かにはなして落下させる運動を**自由落下運動**といい，落下するときの加速度を**重力加速度**という。重力加速度の大きさは g〔m/s²〕で表され，地球上における重力加速度の大きさはおよそ $g = 9.8 \, \text{m/s}^2$ である。

また，「静かにはなす」とは初速度が 0 m/s と同じであり，$g = 9.8 \, \text{m/s}^2$ なので，鉛直下向きを正の方向として p.21 で学習した等加速度直線運動の式を変形すると

速度と時間の式　$v = gt$ ……⑩

変位と時間の式　$y = \dfrac{1}{2}gt^2$ ……⑪

速度と変位の式　$v^2 = 2gy$ ……⑫

と表される。なお，鉛直方向とは水平方向に対して垂直な方向のことである。

解答

(1) 問題文から「静かに落下」となっているので，自由落下運動である。重力加速度 g，時間 t がわかり，求めたいものは速度 v である。よって，これらが使われている⑩式に $g = 9.8 \, \text{m/s}^2$，$t = 2.0 \, \text{s}$ を代入して

$$v = (9.8 \, \text{m/s}^2) \times (2.0 \, \text{s}) = 19.6 \, \text{m/s} \fallingdotseq \textbf{20 m/s} \quad \boxed{\text{答え}}$$

(2) 問題文から重力加速度 g，速度 v がわかり，求めたいものは変位 y である。よって，これらが使われている⑫式に $g = 9.8 \, \text{m/s}^2$，$v = 7.0 \, \text{m/s}$ を代入して

$$(7.0 \, \text{m/s})^2 = 2 \times (9.8 \, \text{m/s}^2) \times y$$

$$y = \textbf{2.5 m} \quad \boxed{\text{答え}}$$

● まとめ：自由落下運動

・物体を静かにはなして落下させる運動を**自由落下運動**といい，落下するときの加速度を**重力加速度**という。重力加速度の大きさは，地球上ではおよそ $g = 9.8 \, \text{m/s}^2$ である。

・「静かに」と書いてあるときの初速度は 0 m/s である。

鉛直投げ下ろし運動
投げ下ろすとどう変わる？

ものをある高さの位置から投げ下ろしたときの運動のようすを考える。自由落下運動とのちがいに注意しながら学んでいこう。

例題

　ビルの屋上から小球を 4.9 m/s で投げ下ろしたところ，2.0 秒後に地面に到達した。次の各問いに答えよ。ただし，重力加速度の大きさを 9.8 m/s^2 とする。

(1) 小球が地面に到達したときの速さは何 m/s か。

(2) ビルの高さは何 m か。

4コマ でわかる解法のポイント

1
鉛直投げ下ろしって何ですか？

ん－？

自由落下と何が違うんだろう…

2
簡単にいうと，真下に投げる運動のことだよ。

だから初速度があるんだ

とりゃっ!!

ふんっ

3
お～　いいね～

じゃあこれも等加速度直線運動だね！

下に落ちているから重力加速度を使うのかな。

4
鉛直投げ下ろし運動の公式（下向きを正としたとき）

① 速度＝初速度＋9.8×時間

② 変位＝初速度×時間＋$\frac{1}{2}$×9.8×(時間)^2

③ (速度)^2－(初速度)^2＝2×9.8×変位

これもp.20の公式に重力加速度の9.8を代入したものだよ。

キャー

解答 & 解説

解く前の準備

鉛直投げ下ろし運動とは，p.21 で学習した等加速度直線運動において初速度が下向きであり，加速度が重力加速度となる運動である，よって，等加速度直線運動の式を鉛直下向きを正の向きとして変形すると

速度と時間の式　$v = v_0 + gt$　……⑬

変位と時間の式　$y = v_0 t + \dfrac{1}{2} gt^2$　……⑭

速度と変位の式　$v^2 - v_0^2 = 2gy$　……⑮

と表される。

解答

(1) 問題文から「投げ下ろした」となっているので，鉛直投げ下ろし運動である。初速度 v_0，重力加速度 g，時間 t がわかり，求めたいものは速度 v である。よって，これらが使われている⑬式に $v_0 = 4.9\,\text{m/s}$, $g = 9.8\,\text{m/s}^2$, $t = 2.0\,\text{s}$ を代入して

$$v = 4.9\,\text{m/s} + (9.8\,\text{m/s}^2) \times (2.0\,\text{s})$$
$$= 4.9\,\text{m/s} + 19.6\,\text{m/s}$$
$$= 24.5\,\text{m/s} \fallingdotseq \textbf{25 m/s} \;\langle 答え \rangle$$

(2) 問題文から初速度 v_0，重力加速度 g，時間 t がわかり，求めたいものは変位 y である。よって，これらが使われている⑭式に $v_0 = 4.9\,\text{m/s}$, $g = 9.8\,\text{m/s}^2$, $t = 2.0\,\text{s}$ を代入して

$$y = (4.9\,\text{m/s}) \times (2.0\,\text{s}) + \frac{1}{2} \times (9.8\,\text{m/s}^2) \times (2.0\,\text{s})^2$$
$$= 9.8\,\text{m} + 19.6\,\text{m}$$
$$= 29.4\,\text{m} \fallingdotseq \textbf{29 m} \;\langle 答え \rangle$$

● まとめ：鉛直投げ下ろし運動

・鉛直投げ下ろし運動では，鉛直下向きを正とすると次の 3 つの式が成り立つ。

① $v = v_0 + gt$　② $y = v_0 t + \dfrac{1}{2} gt^2$　③ $v^2 - v_0^2 = 2gy$

v：速度〔m/s〕　　v_0：初速度〔m/s〕　　g：重力加速度〔m/s^2〕
t：時間〔s〕　　y：変位〔m〕

鉛直投げ上げ運動

ものを投げ上げると…？

ものを投げ上げると，ある高さまで上がると一時静止した後落下してくる。
この運動のようすはどんな式で表されるか考えていこう。

例題

　地面から初速度 9.8 m/s で小球を鉛直上向きに投げ上げた。次の各問いに答えよ。ただし，重力加速度の大きさを 9.8 m/s² とする。

(1) 最高点に達するのは投げ上げてから何秒後か。

(2) 地面から最高点までの高さは何 m か。

4コマでわかる解法のポイント

解答 & 解説

解く前の準備

　鉛直投げ上げ運動とは，p.21 で学習した等加速度直線運動において初速度が上向きであり，加速度が重力加速度となる運動である，よって，等加速度直線運動の式を鉛直上向きを正の向きとして変形すると，加速度は$-g$となり

速度と時間の式　$v = v_0 - gt$　……⑯

変位と時間の式　$y = v_0 t - \dfrac{1}{2}gt^2$　……⑰

速度と変位の式　$v^2 - v_0^2 = -2gy$　……⑱

と表される。

　物体を投げ上げると，物体は最高点に到達し，その後落下してくる。鉛直投げ上げ運動の特長として，物体が上がっているときと落下してくるときで同じ高さでの速度は，同じ速さで逆向きとなる。また，最高点の場合，速度は 0 m/s となる。

解答

(1)　問題文から「投げ上げた」となっているので，鉛直投げ上げ運動である。また，最高点に到達しているので速度は 0 m/s である。よって，初速度 v_0，重力加速度 g，速度 v がわかり，求めたいものは時間 t なので，鉛直上向きを正としてこれらが使われている⑯式に $v = 0$ m/s，$v_0 = 9.8$ m/s，$g = 9.8$ m/s^2 を代入すると

$$0\,\text{m/s} = 9.8\,\text{m/s} - (9.8\,\text{m/s}^2) \times t$$
$$(9.8\,\text{m/s}^2) \times t = 9.8\,\text{m/s}$$
$$t = 1.0\,\text{s} \quad \text{答え}$$

(2)　問題文から初速度 v_0，重力加速度 g，速度 v がわかり，求めたいものは変位 y なので，これらが使われている⑱式に $v = 0$ m/s，$v_0 = 9.8$ m/s，$g = 9.8$ m/s^2 を代入すると

$$(0\,\text{m/s})^2 - (9.8\,\text{m/s})^2 = -2 \times (9.8\,\text{m/s}^2) \times y$$
$$2 \times (9.8\,\text{m/s}^2) \times y = (9.8\,\text{m/s})^2$$
$$y = 4.9\,\text{m} \quad \text{答え}$$

● まとめ：鉛直投げ上げ運動

・物体が上がっているときと落下してくるときで同じ高さでの速度は，同じ速さで逆向きとなる。

・最高点での速度は 0 m/s となる。

・鉛直投げ上げ運動の式は，鉛直投げ下ろし運動の g が $-g$ となったものである。

水平投射
真横に投げてみよう！

真横に投げたときの運動のようすを考える。真横に投げたときの運動は，水平方向と鉛直方向に分けて考えていこう。

例題

橋の上から初速度 11 m/s で水平方向に小球を投げた。次の各問いに答えよ。ただし，重力加速度の大きさを 9.8 m/s^2 とする。

(1) 2.0 秒後の小球の鉛直方向の速さは何 m/s か。

(2) 2.0 秒後の小球の水平方向の速さは何 m/s か。

4コマでわかる解法のポイント

解答 & 解説

解く前の準備

　水平投射では，運動の方向を鉛直方向と水平方向に分けて考える。鉛直方向は初速度がないため自由落下運動となる。また，水平方向では初速度があるものの加速度がはたらかないため，等速直線運動となる。

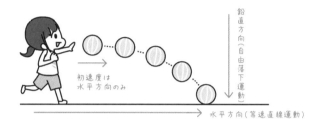

初速度は
水平方向のみ

鉛直方向（自由落下運動）

水平方向（等速直線運動）

解答

(1)　水平投射における鉛直方向の運動は自由落下運動である。重力加速度 g，時間 t の値がわかり，求めたいものは速度 v なので，鉛直下向きを正として p.25 の⑩式に $g = 9.8\,\mathrm{m/s^2}$，$t = 2.0\,\mathrm{s}$ を代入すると

$$v = (9.8\,\mathrm{m/s^2}) \times 2.0\,\mathrm{s}$$
$$= 19.6\,\mathrm{m/s}$$
$$\fallingdotseq 20\,\mathrm{m/s} \;\text{答え}$$

(2)　水平投射における水平方向の運動は等速直線運動である。よって初速度 $11\,\mathrm{m/s}$ と同じ速度で運動し続けるので 2.0 秒後の水平方向の速さも $11\,\mathrm{m/s}$ 　答え

● まとめ：水平投射

・水平投射の場合，運動の方向を鉛直方向と水平方向に分けて考える。
・鉛直方向の運動は自由落下運動である。
・水平方向の運動は等速直線運動である。

1

自動車 A は東向きに 30 km/h，自動車 B は東向きに 40 km/h，自動車 C は西向きに 35 km/h で進んでいる。東向きを正の向きとして，次の各問いに答えよ。

❶：5点　❷❸：10点

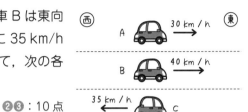

❶ 自動車 C の速度は何 km/h か。

[　　]

❷ 自動車 A に対する自動車 B の相対速度は何 km/h か。

[　　]

❸ 自動車 B に対する自動車 C の相対速度は何 km/h か。

[　　]

2

右図は，ある物体の運動を表した v-t グラフである。次の各問いに答えよ。

❶：5点　❷❸：10点

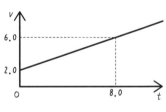

❶ この物体の初速度は何 m/s か。

[　　]

❷ この物体の加速度は何 m/s² か。

[　　]

❸ この物体が 0 秒から 8.0 秒の間に動いた距離は何 m か。

[　　]

3

橋の上から小石を 4.9 m/s の速さで鉛直下向きに投げたところ，2.0 秒後に小石が水面に到達したのが見えた。重力加速度の大きさを 9.8 m/s^2 として，次の各問いに答えよ。

❶❷：10 点

❶ 小石が水面に到達する直前の速度は何 m/s か。ただし，鉛直下向きを正の向きとする。動車 C の速度は何 km/h か。

⌈　　　⌉　　⌈　　　⌉

❷ 橋から水面までの距離は何 m か。

⌈　　　⌉　　⌈　　　⌉

4

初速度 19.6 m/s でボールを鉛直上向きに投げた。重力加速度の大きさを 9.80 m/s^2，鉛直上向きを正の向きとして，次の各問いに答えよ。

❶❷❸：10 点

❶ 1.00 秒後のボールの速度は何 m/s か。

⌈　　　⌉　　⌈　　　⌉

❷ ボールが最高点に到達するまでの時間は何秒か。

⌈　　　⌉　　⌈　　　⌉

❸ ボールが戻ってきたときの速度は何 m/s か。

⌈　　　⌉　　⌈　　　⌉

2章

13

力の表し方

力はどう表すの？

2章ではさまざまな力や運動について学習する。まずは力の表し方についてだ。力を表すには矢印を使うが，矢印の描き方のルールを理解しよう。

例題

(1) 1Nを0.5cmとして，重さ2Nの物体にはたらく重力を図示せよ。

(2) 2つの力の合力を図示せよ。

(1)

(2)

4コマ でわかる解法のポイント

1

力を図示するってどうすればいいんだろう？

それは絶対違うでしょ

みてみて♪

2

力を図示するにはルールがある。それは，力の三要素を描くということだ。

力の向き　作用点
力の大きさ

ふふん♪

へ～…でも，どこからどこまで描けばいいんですか？

3

それは今回の問題で説明しよう。(1)の重力は次の手順で描くよ。

力によって描き方は違うんだけどね～

①物体の中心に作用点を描く
大体の位置でOK!!

②矢印の長さは問題の指示通り

重力

4

なるほど～

(2)の合力って，たしか複数の力を1つにまとめたやつですよね？

①平行四辺形を描く

②作用点から対角線に矢印を引く

その通り！これを力の合成といって，このように描くんだったね。

解答 & 解説

解く前の準備

物体は外部から何かしらのはたらきかけがあることで，動きだしたり止まったりする。物体を押したり，引いたりするその外部からのはたらきかけを**力**とよぶ。

物体が受ける力には，地球から受ける重力や，接触しているところから受ける力があり，力は矢印を用いて表すことができる。力の大きさ，力の向き，作用点の３つが決まると力のはたらきが決まり，これを**力の３要素**という。

物体にはたらく２つの力を，それと全く同じ効果をもつ１つの力で表すことができる。この力を**合力**といい，合力を求めることを**力の合成**という。

反対に，１つの力を２つ以上の力に分けることを**力の分解**といい，分けた力のことを**分力**という。

解答

(1) 物体の中心に作用点を描き，
２Ｎなので１cm の矢印を真下に描く。
これが重力になる。

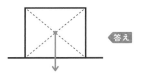

(2) 矢印を２辺とする平行四辺形を描き，
矢印２つの始点から対角線に矢印を引く。
これが合力になる。

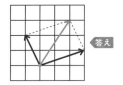

● まとめ：力の表し方

・力の大きさ，力の向き，作用点を**力の３要素**という。

・２つの力と全く同じ効果をもつ１つの力を求めることを**力の合成**という。

・１つの力を２つ以上の力に分けることを**力の分解**という。

2章 14 力のつり合い 物体が動かない条件は？

物体が動かないとき，その物体には何も力がはたらいていないと思いがちである。物体が動かないのは，物体にはたらく力がつり合っているからなんだ。

例題

天井から糸でつるされて静止している小球がある。小球にはたらく重力の大きさが 2.0 N のとき，小球が糸から受ける張力の大きさは何 N か。

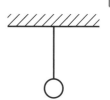

4コマ でわかる解法のポイント

1
張力ってなんですか？

張力は，糸が物体を引く力のことをいうんだ。

2
え！つまり糸が引く力を求めるってこと？

おや？なぜ疑問なんだい？

物理

3
ふんっ

だって静止してるんでしょ？動いていないなら力ははたらかないのでは？

引っ張ってるなら動きそうじゃない？？

4
いやいや動いていないときでも力は加わっているよ。静止しているときは力がつり合っている状態なんだ。

〈力がつり合う条件〉
・同一線上
・同じ大きさ
・逆向き

ボクのボール!!

へ〜

解答 & 解説

解く前の準備

2つの力が1つの物体にはたらき、その物体が静止しているとき、「2つの力はつり合っている」という。2つの力がつり合う条件は、「同一直線上にあり、逆向きで、同じ大きさである」ことである。また、等速直線運動をしている物体も「物体にはたらく力はつり合っている」状態である。

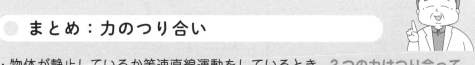

（a）つり合っている2つの力　（b）つり合っていない2つの力

力の大きさが異なる　　　作用線が異なる　　　力の向きが同じ

力にはさまざまな種類がある。今回の問題では地球が小球を引く力である重力、糸が小球を引く力である張力が、小球に力を加えている。

解答

今回の問題では、「静止している小球」となっている。そのため、小球にはたらく力はつり合っている。小球にはたらく力を考えるために、次の手順で探していく。

① 重力は必ずはたらいている。

② 小球と糸がつながっているので、小球は糸から力（張力）を受ける。

この手順で見つけた力を描くと図のようになり、重力と張力がつり合っていることがわかる。つり合っている力の大きさは同じであり、重力は2.0 Nなので、張力の大きさは **2.0 N** 答え

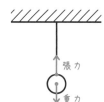

● まとめ：力のつり合い

・物体が静止しているか等速直線運動をしているとき、2つの力はつり合っている。

・つり合っている2つの力は逆向きで、同一直線状にあり、大きさが等しい。

作用反作用の法則
押したら押し返される

ここでは，物体を押すと同じ力で押し返される「作用反作用の法則」について
学習する。中学でも学習した内容なので，忘れてしまった人は復習しておこう。

例題

物体が図の状態で静止している。次の各問いに答えよ。

(1) 作用・反作用の関係になっている力はどれとどれか。

(2) 力のつり合いの関係になっている力はどれとどれか。

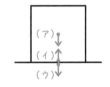

4コマでわかる解法のポイント

解答&解説

解く前の準備

2つの物体の間には互いに力がはたらき合う。これを**作用反作用の法則**といい，一方の力の作用，もう一方の力を反作用という。作用・反作用は必ず2物体間ではたらく力であり，これらの力は同一直線上にあり，同じ大きさで逆向きにはたらいている。

作用・反作用の関係と力のつり合いの関係の違いは次の通りである。

●**作用・反作用の関係** …… 例：「糸が物体を引く力」と「物体が糸を引く力」
「糸」と「物体」のように，2物体間ではたらき，必ず反対の関係になる。

●**力のつり合いの関係** …… 例：「糸が物体を引く力」と「地球が物体を引く力」
ここでの「物体」のように，必ず対象が共通している。

解答

この問題で図に描かれている力を言葉で説明すると，それぞれ次のようになる。
（ア） 地球が物体を引く力（重力）
（イ） 床が物体を押す力
（ウ） 物体が床を押す力

⑴ 作用・反作用の関係になるのは，反対の関係になっている力なので
　（イ）と（ウ） 答え

⑵ 力のつり合いの関係になるのは，はたらく対象が同じ力なので
　（ア）と（イ） 答え

● **まとめ：作用反作用の法則**

・2つの物体が互いに及ぼし合う作用と反作用は，同一直線上にあり，大きさは等しく，互いに逆向きである。

重力と弾性力

地球やばねからの力とは？

地球上では，すべての物体が地球から重力を受けている。それ以外にも，ばねにくっつく物体はばねがもとに戻ろうとする弾性力という力を受けるんだ。

例題

次の各問いに答えよ。ただし，重力加速度の大きさを 9.8 m/s² とする。

(1) 落下している質量 2.0 kg のボールが受ける重力の大きさは何 N か。

(2) 自然長から 5.0 cm 伸びたばねの弾性力の大きさは何 N か。ただし，ばね定数を 15 N/m とする。

4コマ でわかる解法のポイント

解答 & 解説

解く前の準備

　物体が地球から受ける力を**重力**という。物体がもつ物質の量のことを**質量**といい，重力の大きさのことを**重さ**という。重さは地球や月などの場所によって変化するが，質量はどの場所でも変わらない。

　物体の質量を m 〔kg〕，重力加速度の大きさを g 〔m/s²〕とすると，物体が受ける重力の大きさ W 〔N〕は次の式で求められる。

$$W = mg \quad \cdots\cdots ⑲$$

　また，ばねが他の物体に及ぼす力のことを**弾性力**という。弾性力の大きさは，ばねが**自然長**（ばねのもとの長さ）から伸び縮みした分の大きさに比例することがわかっており，これを**フックの法則**という。

　ばね定数を k 〔N/m〕，ばねの伸び縮みを x 〔m〕とすると，弾性力の大きさ F 〔N〕はフックの法則より次の式で求められる。

$$F = kx \quad \cdots\cdots ⑳$$

解答

(1)　⑲式を使って重力の大きさを求める。質量が 2.0 kg，重力加速度の大きさが 9.8 m/s² だから，$m = 2.0$ kg，$g = 9.8$ m/s² を⑲式に代入して

$$W = 2.0\,\text{kg} \times 9.8\,\text{m/s}^2 = 19.6\,\text{N} \fallingdotseq \mathbf{20\,N} \;\boxed{答え}$$

(2)　⑳式を使って弾性力の大きさを求める。ばね定数が 15 N/m，ばねの伸びが 5.0 cm だから，$k = 15$ N/m，$x = 0.050$ m を⑳式に代入して

$$F = 15\,\text{N/m} \times 0.050\,\text{m} = \mathbf{0.75\,N} \;\boxed{答え}$$

まとめ：重力と弾性力

・物体が地球から受ける力を**重力**という。

・ばねが他の物体に及ぼす力のことを**弾性力**といい，その大きさは**自然長**からの伸び縮みに比例する。これを**フックの法則**という。

・重力の大きさ，弾性力の大きさはそれぞれ次の式で求められる。

$$W = mg \qquad\qquad F = kx$$

W：重力の大きさ〔N〕　　m：質量〔kg〕　　g：重力加速度の大きさ〔m/s²〕

F：弾性力の大きさ〔N〕　　k：ばね定数〔N/m〕　　x：自然長からの伸び縮み〔m〕

2章 17 静止摩擦力
重い物体は動かしにくい！

坂道で自動車が停車しているのを見たことがあるだろう。自動車が坂道の下に落ちていかないのは，自動車に摩擦力がはたらいているからだ。

例題

　粗い水平面上に置かれている質量 3.0 kg の物体を水平方向に引く。次の各問いに答えよ。ただし，重力加速度の大きさを 9.8 m/s^2 とする。

(1) 引く力が 1.0 N のとき，物体は動かなかった。静止摩擦力は何 N か。

(2) 静止摩擦係数が 0.20 のとき，物体が動き出す直前の最大摩擦力は何 N か。

4コマ でわかる解法のポイント

1

摩擦って聞いたことあるけど，
静止摩擦力ってなんだろう？

あ、コレ知ってる〜！
乾布摩擦〜!!

フンッ

2

静止摩擦力は動かない物体にはたらく
摩擦力のことだよ。

「物体を引く力」と「静止摩擦力」は同じ大きさなんだ。

ん〜!!

Chocolate ★ Cookie

物体を引く力

静止摩擦力　　　粗い面

3

へ〜
じゃあ最大摩擦力は何ですか？

最大摩擦力
＝静止摩擦係数×垂直抗力

最大摩擦力は物体が動き
はじめるときの摩擦力で，
こんな公式があるんだ。

4

今回の問題で最大摩擦力を求めるには，
次の手順で計算しよう。

① 質量×重力加速度で重力を求める。
② 垂直抗力＝重力なので，
　 垂直抗力は重力と同じ数字。
③ 最大摩擦力の公式に，静止摩擦係数と
　 垂直抗力を代入する。

う〜ん，がんばってみる！

解 答 & 解 説

解く前の準備

　床や壁と物体が接している場合，物体は床などから抗力を受ける。抗力を分解したとき，面に平行な方向に分解された力を摩擦力といい，面に垂直な方向に分解された力を垂直抗力という。粗い面では摩擦力がはたらき，滑らかな面では摩擦力を無視できる。

　摩擦力のうち，静止した物体にはたらく摩擦力を静止摩擦力という。静止摩擦力は静止した物体にはたらくので，力のつり合いから大きさを求められる。物体を引く力を徐々に大きくしていくと，やがて動き出す。物体が動き出す直前の摩擦力を最大摩擦力といい，最大摩擦力の大きさ f_0〔N〕は，静止摩擦係数 μ，物体にはたらく垂直抗力の大きさ N〔N〕を用いて次の式で求められる。

$$f_0 = \mu N \quad \cdots\cdots ㉑$$

解答

　物体にはたらいている力を図示すると，次の通りである。摩擦力は引く力と逆向きにはたらいている。

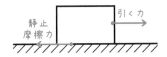

(1)　物体は動かなかったので，力のつり合いを考える。引く力 $F = 1.0\,\text{N}$，静止摩擦力を f とし，水平方向の力のつり合いを考えると，F と f は等しいから

$$f = 1.0\,\text{N} \quad \text{〈答え〉}$$

(2)　㉑式を使って最大摩擦力 f_0 を求める。垂直抗力の大きさ N がわからないので，物体の鉛直方向の力のつり合いから求める。垂直抗力＝重力だから

$$N = mg$$

$m = 3.0\,\text{kg}$，$g = 9.8\,\text{m/s}^2$ を上の式に代入して

$$N = 3.0\,\text{kg} \times 9.8\,\text{m/s}^2 = 29.4\,\text{N}$$

よって，静止摩擦係数 $\mu = 0.20$，$N = 29.4\,\text{N}$ を㉑式に代入して

$$f_0 = 0.20 \times 29.4\,\text{N} = 5.88\,\text{N} ≒ 5.9\,\text{N} \quad \text{〈答え〉}$$

● まとめ：静止摩擦力

・静止した物体にはたらく摩擦力を静止摩擦力，動き出す直前にはたらく静止摩擦力を最大摩擦力といい，最大摩擦力は次の式で求められる。

$$f_0 = \mu N$$

f_0：最大摩擦力の大きさ〔N〕
μ：静止摩擦係数　　N：垂直抗力の大きさ〔N〕

動摩擦力

運動中の摩擦力とは？

家の中などで物体を引っ張れば，物体を動かすことができるが，引っ張るのをやめると物体は止まる。これは，動いている物体も摩擦力を受けるからなんだ。

例題

質量 4.0 kg の物体が粗い水平面上で一定の速さで運動しているとき，物体にはたらく動摩擦力は何 N か。ただし，重力加速度の大きさを 9.8 m/s²，動摩擦係数を 0.10 とする。

4コマでわかる解法のポイント

解答 & 解説

解く前の準備

静止している物体だけでなく，運動している物体にも摩擦力がはたらく。運動している物体にはたらく摩擦力を**動摩擦力**という。

動摩擦力の大きさ f'〔N〕は，動摩擦係数 μ'，物体にはたらく垂直抗力の大きさ N〔N〕を用いて次の式で求められる。

$$f' = \mu' N \qquad \cdots\cdots ㉒$$

解答

物体の運動のようすを図示すると，次の通りである。動摩擦力は物体の運動の向きと逆向きにはたらく。

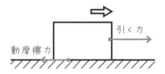

㉒式を使って動摩擦力 f' を求める。垂直抗力の大きさ N がわからないので，物体の鉛直方向の力のつり合いから求める。垂直抗力＝重力だから

$$N = mg$$

$m = 4.0\,\text{kg}$, $g = 9.8\,\text{m/s}^2$ を上の式に代入して

$$N = 4.0\,\text{kg} \times 9.8\,\text{m/s}^2 = 39.2\,\text{N}$$

よって，動摩擦係数 $\mu' = 0.10$, $N = 39.2\,\text{N}$ を㉒式に代入して

$$f' = 0.10 \times 39.2\,\text{N} = 3.92\,\text{N} \fallingdotseq \mathbf{3.9\,N} \quad \boxed{答え}$$

● まとめ：動摩擦力

・運動している物体にはたらく摩擦力を**動摩擦力**という。

・動摩擦力は次の式で求められる。

$$f' = \mu' N$$

f'：動摩擦力の大きさ〔N〕
μ'：動摩擦係数 　　N：垂直抗力の大きさ〔N〕

力の加わり方を考えよう！

圧力は中学でも学習した内容だ。単位面積当たりの力の大きさが圧力であるが，計算するときは，面積が m^2 であることに注意しよう。

例題

次の各問いに答えよ。

(1) 面積が 6.0 m^2 の面を垂直に 30 N の力で押したときの圧力は何 Pa か。

(2) 縦 0.50 m，横 0.40 m の長方形の面を垂直に 80 N の力で押したとき，圧力は何 Pa か。

4コマ でわかる解法のポイント

解答 & 解説

解く前の準備

面が単位面積あたり垂直に受ける力の大きさを**圧力**といい，単位は N/m² または **Pa** で表す。面を垂直に押す力を F 〔N〕，面積を S 〔m²〕とすると，圧力 P 〔Pa〕は次の式で求められる。

$$P = \frac{F}{S} \quad \cdots\cdots ㉓$$

解答

(1) ㉓式を使って，圧力 P を求める。面を垂直に押す力が 30 N，面積が 6.0 m² なので，$F = 30$ N，$S = 6.0$ m² を㉓式に代入して

$$P = \frac{30\,\text{N}}{6.0\,\text{m}^2} = \textbf{5.0 Pa} \quad \boxed{答え}$$

(2) ㉓式を使って，圧力 P を求める。面積がわからないので，まずは長方形の面積 S を求める。縦 0.50 m，横 0.40 m より，長方形の面積は

$$S = 0.50\,\text{m} \times 0.40\,\text{m} = 0.20\,\text{m}^2$$

問題文より，面を垂直に押す力が 80 N なので，$F = 80$ N，$S = 0.20$ m² を㉓式に代入して

$$P = \frac{80\,\text{N}}{0.20\,\text{m}^2} = 400\,\text{Pa} = \textbf{4.0} \times \textbf{10}^2\,\textbf{Pa} \quad \boxed{答え}$$

● まとめ：圧力

・面が単位面積あたり垂直に受ける力の大きさを**圧力**といい，単位は N/m² または **Pa** で表す。

・圧力は次の式で求められる。

$$P = \frac{F}{S} \qquad P：圧力〔Pa〕 \qquad F：面を垂直に押す力〔N〕 \qquad S：面積〔m^2〕$$

水中で浮くのはなぜ？

水中で，軽いものは浮き上がり重いものは沈んでいく様子を見ることはあるだろう。これは浮力という力がはたらくからなんだ。

例題

　体積 3.0 m³ の物体を完全に水中に沈めたとき，次の各問いに答えよ。ただし，重力加速度の大きさを 9.8 m/s²，水の密度を 1.0×10^3 kg/m³ とする。

⑴　水の深さが 40 m のところの水圧は何 Pa か。

⑵　物体が受ける浮力の大きさは何 N か。

4コマでわかる解法のポイント

1

水圧ってなんだろう？
水の圧力ってこと？

そう！
ゆいさん正解！

2

水圧というのは水による圧力のことで，次の式で求められるよ。

水圧は深いほど大きく，全方向からはたらく

水圧

水圧＝水の密度×重力加速度の大きさ ×水の深さ

3

浮力は聞いたことあります。なんか浮くやつですよね。

そうそう。

4

浮力にも公式があるんだよ。水圧と浮力は似ているから注意して公式を覚えてね。

浮力

浮力＝水の密度×水中にある物体の体積 ×重力加速度の大きさ

解答 & 解説

解く前の準備

　水中にある面が水から受ける圧力を水圧といい，単位は圧力と同じ N/m^2 または Pa である。水圧は水を通してあらゆる方向に伝わり，同じ深さではあらゆる方向から同じ大きさの圧力を受ける。また，水深が深くなれば深くなるほど水圧が大きくなる。

　水圧 P〔Pa〕は，水の密度 ρ〔kg/m^3〕，重力加速度の大きさ g〔m/s^2〕，水面からの深さ h〔m〕を用いて，次の式で求められる。

$$P = \rho g h \qquad \cdots\cdots ㉔$$

　気体や液体のことを流体といい，流体中にある物体が受ける上向きの力を浮力という。流体中の物体は，その物体が押しのけた流体の重さに等しい浮力を受ける。これをアルキメデスの原理という。これより，水中の物体が受ける浮力の大きさ F〔N〕は，水の密度 ρ〔kg/m^3〕，流体中にある物体の体積 V〔m^3〕，重力加速度の大きさ g〔m/s^2〕を用いて，次の式で求められる。

$$F = \rho V g \qquad \cdots\cdots ㉕$$

解答

(1)　㉔式を使って，水圧 P を求める。水の密度が 1.0×10^3 kg/m^3，重力加速度の大きさが 9.8 m/s^2，水の深さが 40 m なので，$\rho = 1.0 \times 10^3$ kg/m^3，$g = 9.8$ m/s^2，$h = 40$ m を㉔式に代入して

$$P = 1.0 \times 10^3 \, \text{kg/m}^3 \times 9.8 \, \text{m/s}^2 \times 40 \, \text{m} = 392 \times 10^3 \, \text{Pa} ≒ \mathbf{3.9 \times 10^5 \, Pa} \;\text{答え}$$

(2)　㉕式を使って，浮力 F を求める。水の密度が 1.0×10^3 kg/m^3，物体の体積が 3.0 m^3，重力加速度の大きさが 9.8 m/s^2 なので，$\rho = 1.0 \times 10^3$ kg/m^3，$V = 3.0$ m^3，$g = 9.8$ m/s^2 を㉕式に代入して

$$F = 1.0 \times 10^3 \, \text{kg/m}^3 \times 3.0 \, \text{m}^3 \times 9.8 \, \text{m/s}^2 = 29.4 \times 10^3 \, \text{N} ≒ \mathbf{2.9 \times 10^4 \, N} \;\text{答え}$$

● まとめ：水圧と浮力

・水中にある面が水から受ける圧力を水圧といい，単位は N/m^2 または Pa である。

・流体中にある物体が受ける上向きの力を浮力という。

・水圧や浮力は次の式で求められる。

$P = \rho g h$　　　P：水圧〔Pa〕　　ρ：水の密度〔kg/m^3〕　　g：重力加速度の大きさ〔m/s^2〕

$F = \rho V g$　　　h：水の深さ〔m〕　　F：浮力の大きさ〔N〕　　V：流体中にある物体の体積〔m^3〕

運動方程式
運動のようすを式で表そう

ここでは物理基礎でとてもよく出てくる「運動方程式」について学習する。今後さまざまな問題で運動方程式を立てる必要があるので，しっかり練習しよう。

例題

質量 4.0 kg の物体が右方向に運動している。次の各問いに答えよ。

(1) 右向きに 16 N の力を加えているとき，生じる加速度は何 m/s² か。

(2) 右向きに 20 N の力，左向きに 12 N の力が加わっているとき，生じる加速度の大きさは何 m/s² か。

4コマ でわかる解法のポイント

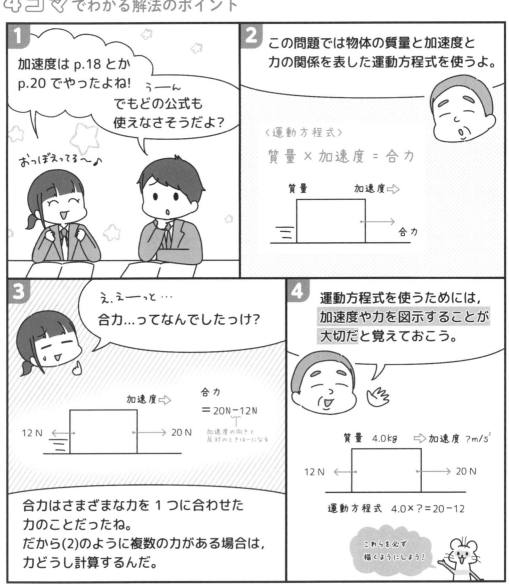

1

加速度は p.18 とか p.20 でやったよね！

おっぼえってる〜♪

うーーん
でもどの公式も使えなさそうだよ？

2

この問題では物体の質量と加速度と力の関係を表した運動方程式を使うよ。

〈運動方程式〉

質量 × 加速度 ＝ 合力

質量　　　加速度⇨
合力

3

え，えーっと…
合力...ってなんでしたっけ？

加速度⇨

合力
＝20N−12N

加速度の向きと反対のときはーになる

12 N ⟵　　　⟶ 20 N

合力はさまざまな力を 1 つに合わせた力のことだったね。
だから(2)のように複数の力がある場合は，力どうし計算するんだ。

4

運動方程式を使うためには，加速度や力を図示することが大切だと覚えておこう。

質量　4.0kg　⇨加速度 ?m/s²

12 N ⟵　　　⟶ 20 N

運動方程式　4.0×？＝20−12

これらを必ず描くようにしよう！

解答 & 解説

解く前の準備

　すべての物体は，力を加えられない（または力がつり合っている）限り，静止あるいは等速直線運動をし続ける。これを**慣性の法則**といい，物体が現在の運動を維持し続ける性質を**慣性**という。

　物体が力を受けると，物体には，加わる力の大きさに比例し，質量に反比例する加速度が力の向きに生じる。これを**運動の法則**といい，質量 1 kg の物体に 1 m/s² の加速度を生じさせる力を 1 N と定義すると，運動の法則は $a = \dfrac{F}{m}$ と表すことができる。この式を**運動方程式**という。運動方程式は質量を m 〔kg〕，加速度を a 〔m/s²〕，合力を F 〔N〕とすると，次の式で表される。

$$ma = F \quad \cdots\cdots ㉖$$

＜運動方程式を解く手順＞
① 注目する物体を決める。
② 物体が受ける力の合力を決める。
③ 運動方程式に数値を代入して，求めたい物理量を求める。

解答

(1)　物体について運動方程式を立てて，加速度 a を求める。質量が 4.0 kg，合力が右向きに 16 N であるので，$m = 4.0$ kg，$F = 16$ N を㉖式に代入して

$$4.0 \,\text{kg} \times a = 16 \,\text{N}$$
$$a = 4.0 \,\text{m/s}^2 \quad \text{答え}$$

(2)　物体について運動方程式を立てて，加速度 a を求める。質量が 4.0 kg，力が右向きに 20 N と左向きに 12 N はたらいているので，合力 F は $F = 20\,\text{N} - 12\,\text{N} = 8.0\,\text{N}$ である。よって，$m = 4.0$ kg，$F = 8.0$ N を㉖式に代入して

$$4.0 \,\text{kg} \times a = 8.0 \,\text{N}$$
$$a = 2.0 \,\text{m/s}^2 \quad \text{答え}$$

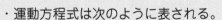

● まとめ：運動方程式

・運動方程式は次のように表される。

$$ma = F \qquad m：質量〔kg〕 \quad a：加速度〔m/s²〕 \quad F：合力〔N〕$$

斜面での運動を考えよう！

斜面上で物体が下ってしまうのはなぜか。その理由が，斜面上の物体にはたらく力を考えると理解することができるんだ。

例題

図のように，滑らかな斜面上に質量10 kgの物体を置いたところ，物体は一定の加速度で斜面を下った。この物体に生じる加速度の大きさは何 m/s² か。ただし，重力加速度の大きさを9.8 m/s² とする。

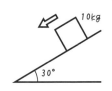

4コマでわかる解法のポイント

解答 & 解説

解く前の準備

斜面上の運動を考えるときは，斜面に平行な方向を x 軸，斜面に垂直な方向を y 軸として考えるとよい。滑り降りている場合，y 軸方向には動かず垂直抗力とつり合っていることがわかるため，x 軸方向のみを考えればよくなる。

物体は x 方向に分解された力によって加速する。運動方程式で考えると，質量 m の物体に斜面方向に一定の加速度を生じさせる力は，重力の斜面方向の分力であると考えられる。

解答

斜面上の物体にはたらく力は，重力と斜面からの垂直抗力である。ここで，重力を斜面に垂直な方向と斜面に平行な方向に分解すると，図のようになる。

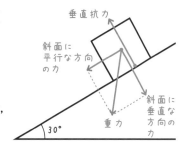

加速度を a として，斜面に平行な方向の運動方程式を考える。斜面方向の合力は重力の斜面方向の分力なので，その力 F は

$$F = mg \times \sin 30°$$

である。ここで，質量が $10\,\mathrm{kg}$，重力加速度の大きさが $9.8\,\mathrm{m/s^2}$ なので，$m = 10\,\mathrm{kg}$，$g = 9.8\,\mathrm{m/s^2}$ を代入して

$$F = 10\,\mathrm{kg} \times 9.8\,\mathrm{m/s^2} \times \frac{1}{2} = 49\,\mathrm{N}$$

よって斜面方向の運動方程式は，それぞれの値を㉖式に代入して

$$10\,\mathrm{kg} \times a = 49\,\mathrm{N}$$
$$a = 4.9\,\mathrm{m/s^2} \quad \text{答え}$$

まとめ：斜面上の運動方程式

・重力を斜面に平行な方向と斜面に垂直な方向に分解し，斜面方向について運動方程式を立てる。

2つの物体の運動方程式
2つの物体の運動とは？

物体が2つになったとき，運動のようすをどのように考えればよいか。それは，物体ごとに運動方程式を立てることで解決できるぞ。

例題

　図のように，質量20 kgの物体Aと質量30 kgの物体Bが滑らかな水平面上に接して置かれており，人が物体Aを50 Nの力で押している。生じる加速度の大きさは何 m/s^{2}か。

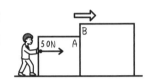

4コマ でわかる解法のポイント

1

うぅ…難しい…

じゃあ一緒に考えよう。
ポイントは2つ。

①運動方程式は物体ごとに立てる
②物体間にはたらく力は
　同じ大きさで逆向き

2

まずは物体にはたらく力を
図示するよ。

3

次に運動方程式を立ててみよう。
ポイント①の通り，物体Aと
物体Bそれぞれ運動方程式を立てるよ。

でも，物体間の力なんて
わかりませんよ？

4

物体間の力はfとでもしておこう。
2つの運動方程式を連立して，
fを消去して加速度を求めるんだ。

<2つの運動方程式>
物体A：20×加速度＝50−f
物体B：30×加速度＝f

解答 & 解説

解く前の準備

物体Aと物体Bは接しているため，人が物体Aを押すと物体Bも一緒に動く。2つの物体は一緒に動いているので，2つの物体の加速度は同じになる。

作用反作用の法則から，物体Aは物体Bから，物体Bは物体Aからそれぞれ力を受けている。物体Bが物体Aから f〔N〕の力を受けているとすると，物体Aは $-f$〔N〕の力を受けていることになる。

また，2つ以上の物体の運動を考える場合はそれぞれの物体ごとに運動方程式を考える。

解答

物体にはたらく力を図示すると右のようになる。ここで，物体Aと物体Bは接しているので加速度はどちらも同じになる。その加速度を a とする。また，作用反作用の法則により，物体Aと物体Bにはそれぞれ f の力が図の向きにはたらく。物体A，物体Bについて，水平右向きを正の向きとして運動方程式を考える。

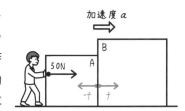

<物体Aについて>

物体Aの質量は20 kgであり，物体Aにはたらく力は右向きに50 Nと左向きに f である。よって運動方程式は，$m = 20$ kg，$F = 50$ N $- f$ を㉖式に代入して

$$20 \text{ kg} \times a = 50 \text{ N} - f \quad \cdots\cdots(1)$$

<物体Bについて>

物体Bの質量は30 kgであり，物体Bにはたらく力は右向きに f である。よって運動方程式は，$m = 30$ kg，$F = f$ を㉖式に代入して

$$30 \text{ kg} \times a = f \quad \cdots\cdots(2)$$

(1)式＋(2)式より，f を消去して

$$20 \text{ kg} \times a + 30 \text{ kg} \times a = 50 \text{ N}$$
$$50 \text{ kg} \times a = 50 \text{ N}$$
$$a = 1.0 \text{ m/s}^2 \quad \boxed{答え}$$

まとめ：2つの物体の運動方程式

・2つ以上の物体があるときは，それぞれの物体に注目して運動方程式を立てる。

定期テスト対策問題 2

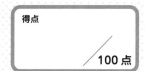

1 図のように，粗い斜面上に質量 2.0 kg の物体を
置いたところ，物体は動き出す直前の状態で静止
した。次の各問いに答えよ。ただし，重力加速度
の大きさを 9.8 m/s^2 とする。

❶：5点　　❷❸：10 点

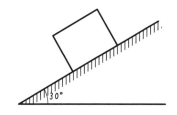

❶ 物体の重力の大きさは何 N か。 　　　　　　　[　　　　　]

❷ 物体が斜面から受ける垂直抗力の大きさは何 N か。ただし，$\sqrt{3}$ = 1.7 とする。

[　　　　　]

❸ 静止摩擦係数はいくらか。

[　　　　　]

2 図のように，1 辺が 10 cm の立方体の物体が水中
に沈んでいる。物体の質量を 3.0 kg，水の密度を
1.0×10^3 kg/m^3，重力加速度の大きさを 9.8 m/s^2
として，次の各問いに答えよ。

❶：5点　　❷❸：10 点

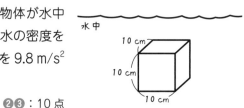

❶ 物体の重力の大きさは何 N か。 　　　　　　　[　　　　　]

❷ 物体が水から受ける浮力の大きさは何 N か。

[　　　　　]

❸ この物体は上昇と下降のどちらの運動をしているか。

[　　　　　]

3 図のように，なめらかな水平面上にある質量 5.0 kg の物体が左右から力を受けている。水平方向右向きを正の向きとして，次の各問いに答えよ。

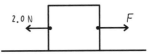

❶❷：10点

❶ $F = 5.0$ N のとき，物体の加速度は何 m/s^2 か。　　　[　　　　　]

❷ $F = 1.0$ N のとき，物体の加速度は何 m/s^2 か。　　　[　　　　　]

4 なめらかな水平面上に置かれた質量 2.0 kg の物体 A と質量 4.0 kg の物体 B を軽い糸で結び，物体 A を水平右向きに 30 N の力で引いた。物体の加速度を a 〔m/s^2〕，糸の張力を T 〔N〕，水平方向右向きを正の向きとして，次の各問いに答えよ。

❶：各5点　　**❷❸**：10点

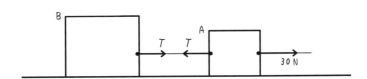

❶ 物体 A，物体 B について運動方程式を立てよ。

物体 A [　　　　　]　　物体 B [　　　　　]

❷ 加速度の大きさは何 m/s^2 か。　　　　　　[　　　　　]

❸ 糸の張力の大きさは何 N か。　　　　　　　[　　　　　]

3章 24 仕事

仕事って何だろう？

3章では仕事とエネルギーについて学ぶ。まずは仕事についてだ。物理における仕事の意味をしっかりと理解しよう。

例題

(1) 物体に 10 N の力を加えて，その向きに 7.0 m 動かした。この力がした仕事は何 J か。

(2) 物体に 4.0 N の力を加えたが，物体は動かなかった。この力がした仕事は何 J か。

4コマでわかる解法のポイント

解 答 & 解 説

解く前の準備

　物体に力を加えて，その力の向きに物体が移動したときに，「力が物体に**仕事**をした」という。そのため，力の方向に物体が動いていないときは仕事をしたことにはならない。

物体が移動した
⇒仕事をした

物体が動かない
⇒仕事をしていない

　また，仕事の単位は J（ジュール）で表す。仕事を W〔J〕，加えた力を F〔N〕，移動距離を x〔m〕とすると，仕事は次の式で求めることができる。

$$W = Fx \quad \cdots\cdots ㉗$$

解答

(1)　㉗式を使って仕事 W を求める。今回の問題では，加えた力が 10 N，移動距離が 7.0 m なので，$F = 10$ N，$x = 7.0$ m を㉗式に代入して
$$W = 10 \, \text{N} \times 7.0 \, \text{m} = \boxed{70 \, \text{J}} \; 答え$$

(2)　㉗式を使って仕事 W を求める。今回の問題では，加えた力が 4.0 N，移動距離が 0 m なので，$F = 4.0$ N，$x = 0$ m を㉗式に代入して
$$W = 4.0 \, \text{N} \times 0 \, \text{m} = \boxed{0 \, \text{J}} \; 答え$$

● まとめ：仕事

・物体に力を加えて，力の向きに物体が動いたとき，力が**仕事**をしたという。

・仕事の単位は J（ジュール）で表す。

・仕事は次の式で求められる。

$$W = Fx \qquad W: 仕事〔J〕 \qquad F: 加えた力〔N〕 \qquad x: 移動距離〔m〕$$

仕事率

仕事率を求めてみよう！

同じ量の仕事をするにも，短い時間でするほうが仕事の効率が良い。この
仕事の能率を表すのが仕事率だ。仕事から，仕事率を求めてみよう。

例題

　物体に 10 N の力を加えて，その力の向きに 8.0 m 動かした。このとき，次の
各問いに答えよ。

⑴　この力がした仕事は何 J か。

⑵　この仕事をするのに 4.0 秒かかった。この仕事の仕事率は何 W か。

4コマ でわかる解法のポイント

解 答 & 解 説

解く前の準備

　単位時間あたりにする仕事のことを**仕事率**という。仕事率の単位は **W（ワット）** で表す。仕事率を P 〔W〕，仕事を W 〔J〕，かかった時間を t 〔s〕とすると，仕事率は次の式で求めることができる。

$$P = \frac{W}{t} \quad \cdots\cdots ㉘$$

解答

(1)　p.59 の㉗式で仕事 W を求める。今回の問題では，加えた力が 10 N，移動距離が 8.0 m なので，$F = 10$ N，$x = 8.0$ m を㉗式に代入して

　　$W = 10$ N $\times 8.0$ m $= \mathbf{80\ J}$ 〔答え〕

(2)　㉘式で仕事率 P を求める。(1)より仕事 W が 80 J であり，かかった時間が 4.0 秒なので，$W = 80$ J，$t = 4.0$ s を㉘式に代入して

　　$P = \dfrac{80\ \text{J}}{4.0\ \text{s}} = \mathbf{20\ W}$ 〔答え〕

● まとめ：仕事率

・単位時間当たりにする仕事のことを**仕事率**という。

・仕事率の単位は **W（ワット）** で表す。

・仕事率は次の式で求められる。

　　$P = \dfrac{W}{t}$ 　　P：仕事率〔w〕　　W：仕事〔J〕　　t：かかった時間〔s〕

3章 26 仕事の原理

仕事は道具によらない！

物体を真上に持ち上げるときと，斜面のような道具を使って同じ高さまで
持ち上げるとき，どちらが楽だろうか。仕事の量に注目してみよう。

例題

(1) 30 N の重力がはたらく物体を高さ 2.0 m ま
で真上に持ち上げるのに必要な仕事は何 J か。

(2) (1)と同じ物体を長さ 10 m の滑らかな斜面を
使って同じ高さまで持ち上げるとき，斜面に沿った方向にかかる力は何 N か。

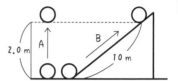

4コマでわかる解法のポイント

1

(1)はp.58で習った公式で解けそうだね。

うーん…

その通り。じゃあ(2)は？

2

Aみたいに持ち上げるより，Bのほうがラクに持ち上げられそう！

でも，Bの仕事の量がわからないよ。

A　B

3

いや，実はAとBの仕事は同じなんだ。

「仕事の原理」っていうよ。ほら，ここ。

―仕事の原理―
スタート位置（高さ）と
ゴールの位置（高さ）が同じなら，
途中の移動の仕方によらず
仕事は同じになる。

そうなんだ!?

4

じゃあ(1)で求めた仕事を使うんだね！

ドヤ

正解！

…ということだから，(1)の答え教えて!!

もぉ～いいったら…

解 答 & 解 説

解く前の準備

　物体を移動するときに B のように斜面のような道具を用いると，A のように物体をそのまま上に持ち上げるよりも小さな力で持ち上げることができる。しかし，その分物体を動かす距離は長くなる。

　「仕事＝加えた力×移動距離」であるため，仕事の量は斜面を使っても使わなくても変わらない。このように，道具を使っても使わなくても必要な仕事の量が変わらないことを**仕事の原理**という。

解答

(1)　p.59 の㉗式で仕事 W を求める。今回の問題では，重力が 30 N，移動距離が 2.0 m なので，$F = 30$ N，$x = 2.0$ m を㉗式に代入して

$$W = 30\,\text{N} \times 2.0\,\text{m}$$
$$= 60\,\text{J}\ \boxed{\text{答え}}$$

(2)　問題文から(1)と同じ物体を同じ高さまで持ち上げているので，仕事の原理より A と B の仕事は同じである。よって仕事 W は 60 J であり，移動距離が 10 m なので，$W = 60$ J，$x = 10$ m を㉗式に代入して

$$60\,\text{J} = F \times 10\,\text{m}$$
$$F = 6.0\,\text{N}\ \boxed{\text{答え}}$$

● まとめ：仕事の原理

・斜面などの道具を使っても使わなくても，同じ物体を同じ高さまで引き上げるのに必要な仕事の量は変わらない。これを**仕事の原理**という。

3章 27 運動エネルギー
エネルギーって何？

今回からは，エネルギーについて学習する。まずは，運動エネルギーだ。
運動エネルギーがどのように表されるのか学んでいこう。

例題

(1) 質量 5.0 kg の物体が速さ 4.0 m/s で運動しているとき，この物体のもつ運動エネルギーは何 J か。

(2) ある質量の物体が速さ 6.0 m/s で運動しているときに，物体がもつ運動エネルギーが 72 J であった。この物体の質量は何 kg か。

4コマ でわかる解法のポイント

1
エネルギーって
中学でも習いましたが，
よくわからないんですよねー。

ぽかぽか…？
おいしい…？

2
簡単に言うと仕事をする能力のことだね。
エネルギーをもっている物体だけが，
仕事をすることができるんだ。

ひょいっ

持てなーーい

3
運動エネルギーは
エネルギーの1つってこと？

もっもっ

その通り。
運動エネルギーは動いている物体が
もっているエネルギーだよ。

4
運動エネルギーは
このように計算できるよ。

運動エネルギー
$= \dfrac{1}{2} \times 質量 \times (速さ)^2$

へ〜!!
運動エネルギーって
計算できたんだ！

解答 & 解説

解く前の準備

　ある物体がほかの物体に対して仕事をする能力をもつとき，その物体は「**エネルギー**をもっている」という。エネルギーとは仕事をする能力のことであり，エネルギーの単位は仕事と同様に J（ジュール）が用いられる。

　また，運動している物体がもっているエネルギーを**運動エネルギー**という。運動エネルギーを K〔J〕，物体の質量を m〔kg〕，物体の速さを v〔m/s〕とすると，運動エネルギーは次の式で求めることができる。

$$K = \frac{1}{2}mv^2 \quad \cdots\cdots ㉙$$

解答

⑴　㉙式を使って，運動エネルギー K を求める。今回の問題では，質量が 5.0 kg，速さが 4.0 m/s なので，$m = 5.0$ kg，$v = 4.0$ m/s を㉙式に代入して

$$K = \frac{1}{2} \times 5.0\,\text{kg} \times (4.0\,\text{m/s})^2 = \textbf{40 J} \;\text{答え}$$

⑵　㉙式を使って，物体の質量 m を求める。今回の問題では，運動エネルギーが 72 J，速さが 6.0 m/s なので，$K = 72$ J，$v = 6.0$ m/s を㉙式に代入して

$$72\,\text{J} = \frac{1}{2} \times m \times (6.0\,\text{m/s})^2$$

$$m = \textbf{4.0 kg} \;\text{答え}$$

● まとめ：運動エネルギー

・仕事をする能力のことを**エネルギー**という。
・運動している物体がもっているエネルギーを**運動エネルギー**という。
・運動エネルギーは以下の式で求められる。

$$K = \frac{1}{2}mv^2 \qquad K：運動エネルギー〔J〕 \qquad m：質量〔kg〕 \qquad v：速さ〔m/s〕$$

3章 28 位置エネルギーとは？

重力による位置エネルギー

運動エネルギーの他にも，位置エネルギーというものがある。実は，高い
位置にある物体はエネルギーをもっているんだ。

例題

質量 3.0 kg の物体が高さ 1.0 m の机の上に置かれている。天井の高さが 3.0 m
であり，重力加速度の大きさを 9.8 m/s² とするとき，次の各問いに答えよ。
(1) 地面を基準としたときの物体のもつ重力による位置エネルギーは何 J か。
(2) 天井を基準としたときの物体のもつ重力による位置エネルギーは何 J か。

4コマでわかる解法のポイント

解答 & 解説

解く前の準備

　高いところにある物体は仕事をする能力をもっている。これを**重力による位置エネルギー**という。重力による位置エネルギーを求めるときは，**基準面からの高さを確認する**ことが重要である。

　重力による位置エネルギーを U 〔J〕，質量を m 〔kg〕，重力加速度の大きさを g 〔m/s^2〕，高さ h 〔m〕とすると，重力による位置エネルギーは次の式で求めることができる。

$$U = mgh \quad \cdots\cdots ㉚$$

解答

(1)　㉚式を使って，重力による位置エネルギー U を求める。今回の問題では，質量が3.0 kg，重力加速度の大きさが9.8 m/s^2 であり，地面を基準としたときの高さは1.0 m であるため，$m = 3.0$ kg，$g = 9.8$ m/s^2，$h = 1.0$ m を㉚式に代入して

$$U = 3.0 \,\text{kg} \times 9.8 \,\text{m/s}^2 \times 1.0 \,\text{m} = 29.4 \,\text{J} ≒ \textbf{29 J} \;\text{答え}$$

(2)　(1)と同様にして重力による位置エネルギー U を求める。今回の問題では，質量が3.0 kg，重力加速度の大きさが9.8 m/s^2 であり，3.0 m の天井を基準としたときの高さは−2.0 m であるため，$m = 3.0$ kg，$g = 9.8$ m/s^2，$h = -2.0$ m を㉚式に代入して

$$U = 3.0 \,\text{kg} \times 9.8 \,\text{m/s}^2 \times (-2.0 \,\text{m}) = -58.8 \,\text{J} ≒ \textbf{−59 J} \;\text{答え}$$

● まとめ：重力による位置エネルギー

・高いところにある物体のもつエネルギーを**重力による位置エネルギー**という。
・重力による位置エネルギーは，物体の位置が同じでも基準面によって変わる。
・重力による位置エネルギーは次の式で求められる。

$$U = mgh$$

U：重力による位置エネルギー〔J〕　　m：質量〔kg〕
g：重力加速度の大きさ〔m/s^2〕　　h：基準面からの高さ〔m〕

ばねがもつエネルギー

高いところにある物体だけでなく，伸び縮みするばねも位置エネルギーをもつ。それぞれの違いをしっかりと確認しよう。

例題

　ばね定数が 100 N/m のばねが自然長から 0.50 m 伸びているとき，次の各問いに答えよ。

(1)　弾性力の大きさは何 N か。

(2)　弾性力による位置エネルギーは何 J か。

自然長　0.50 m

4コマでわかる解法のポイント

解答＆解説

解く前の準備

　縮んだばねにつけられた物体は，ばねが伸びて自然の長さにもどる間に加速される。このとき物体は仕事をする能力をもっている。これを**弾性力による位置エネルギー（弾性エネルギー）**という。弾性力による位置エネルギーを求めるためには，ばねの自然長からの伸び（または縮み）を確認することが重要だ。

　弾性力による位置エネルギーを U 〔J〕，ばね定数を k 〔N/m〕，ばねの自然長からの伸び（または縮み）を x 〔m〕とすると，弾性力による位置エネルギーは次の式で求めることができる。

$$U = \frac{1}{2}kx^2 \qquad \cdots\cdots ㉛$$

解答

(1) p.41 の㉠式を用いてばねの弾性力の大きさ F を求める。今回の問題では，ばね定数が 100 N/m，自然長からの伸びが 0.50 m なので，$k = 100$ N/m，$x = 0.50$ m を㉠式に代入して

　　　$F = 100$ N/m $\times 0.50$ m $= $ **50 N** 答え

(2) ㉛式を使って，弾性力による位置エネルギー U を求める。今回の問題では，ばね定数が 100 N/m，自然長からの伸びが 0.50 m なので，$k = 100$ N/m，$x = 0.50$ m を㉛式に代入して

　　　$U = \dfrac{1}{2} \times 100$ N/m $\times (0.50$ m$)^2 = 12.5$ J $\fallingdotseq$ **13 J** 答え

● まとめ：弾性力による位置エネルギー

・自然長でないばねがもつエネルギーを**弾性力による位置エネルギー**という。
・弾性力による位置エネルギーは次の式で求めることができる。

$$U = \frac{1}{2}kx^2$$

　U：弾性力による位置エネルギー〔J〕　　k：ばね定数〔N/m〕
　x：自然長からの伸び（または縮み）〔m〕

力学的エネルギーとは？

3章
30
力学的エネルギー

力学的エネルギーは，運動エネルギーと位置エネルギーの和になる。運動エネルギーと位置エネルギーの公式を見直しておこう。

例題

図のように，質量2.0kgの小球が落下している。重力加速度の大きさを9.8m/s²として，Aの位置における小球の力学的エネルギーを求めよ。

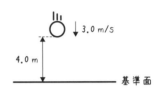

↓ 3.0 m/s

4.0 m

基準面

4コマでわかる解法のポイント

1

力学的エネルギー…
なんか中学のときに
やった気がする…

…って思ったんですけど
全然 解けませんでした!!

2

よし，じゃあ思い出そう(笑)
力学的エネルギーは運動エネルギーと
位置エネルギーの和 だったね。

力学的エネルギー
＝運動エネルギー＋位置エネルギー

3

あ〜
そんなのだったかも！

でも，どうやって
求めればいいんですか？

4

今までに習った運動エネルギーの公式と
位置エネルギーの公式を使おう。

$$運動エネルギー ＝ \frac{1}{2} × 質量 × (速さ)^2$$

重力による位置エネルギー
＝質量 × 重力加速度の大きさ
　　× 基準面からの高さ

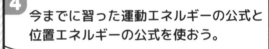

それぞれ求めたら，
あとは力学的エネルギーの
公式に代入だ！

解答 & 解説

解く前の準備

物体のもつ運動エネルギー K と位置エネルギー U の和を**力学的エネルギー**という。この位置エネルギーには，重力による位置エネルギーや弾性力による位置エネルギーが含まれる。力学的エネルギーを E〔J〕，運動エネルギーを K〔J〕，位置エネルギーを U〔J〕とすると，力学的エネルギーは次の式で求められる。

$$E = K + U \quad \cdots\cdots ㉜$$

解答

㉜式を用いて，A の位置の物体がもつ力学的エネルギー E を求める。力学的エネルギーを求めるために，A の位置での運動エネルギーと位置エネルギーを考える。

まず，A の位置での運動エネルギー K を p.65 の㉙式を用いて求める。問題文より，質量 $m = 2.0\,\mathrm{kg}$，速さ $v = 3.0\,\mathrm{m/s}$ であるので，それぞれ㉙式に代入して

$$K = \frac{1}{2} \times 2.0\,\mathrm{kg} \times (3.0\,\mathrm{m/s})^2 = 9.0\,\mathrm{J}$$

次に，A の位置での位置エネルギー U を考える。この物体がもつ位置エネルギーは重力による位置エネルギーのみなので，p.67 の㉚式を用いて求める。問題文より，質量 $m = 2.0\,\mathrm{kg}$，重力加速度の大きさ $g = 9.8\,\mathrm{m/s^2}$，基準面からの高さ $h = 4.0\,\mathrm{m}$ であるので，それぞれ㉚式に代入して

$$U = 2.0\,\mathrm{kg} \times 9.8\,\mathrm{m/s^2} \times 4.0\,\mathrm{m} = 78.4\,\mathrm{J}$$

よって，㉜式に $K = 9.0\,\mathrm{J}$，$U = 78.4\,\mathrm{J}$ を代入して

$$E = 9.0\,\mathrm{J} + 78.4\,\mathrm{J} = 87.4\,\mathrm{J} ≒ 87\,\mathrm{J} \;\boxed{答え}$$

計算ミスに気をつけて！

● まとめ：力学的エネルギー

・物体のもつ運動エネルギーと位置エネルギーの和を**力学的エネルギー**という。
・力学的エネルギーは次の式で求めることができる。

$$E = K + U$$

E：力学的エネルギー〔J〕　　K：運動エネルギー〔J〕
U：位置エネルギー〔J〕

力学的エネルギー保存則
エネルギーは保存される！

位置エネルギーが運動エネルギーに変わったり，その逆になったりすることがあるのだけど，全体のエネルギーは変わらないんだ。

例題

図のように，長さ 0.30 m の軽い糸に質量 2.0 kg の小球をつけた振り子があり，小球を点 A から静かにはなす。重力加速度の大きさを 9.8 m/s² として，点 B における小球の運動エネルギーを求めよ。

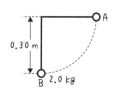

0.30 m

A

B 2.0 kg

４コマでわかる解法のポイント

1

運動エネルギーは何回かやったから覚えてますよ！

$\frac{1}{2} \times 質量 \times (速さ)^2$ ですよね！

あれ〜？
でもこの問題，速さがわかんない〜

2

"運動エネルギーを求めたいのに速さがわからない"
そんなときは力学的エネルギーの保存を使おう。

力学的エネルギーの保存

点Aの力学的エネルギー
＝点Bの力学的エネルギー

3

え，この式をどうやって使うんですか？

力学的エネルギーは
運動エネルギー＋位置エネルギー
として考えるよ。

4

さらにヒントを出すと，点Aは
「静かに」と書いてあるから速さは0だ。
また，点Bを 基準にすれば
点Bでの位置エネルギーは0になるよ。

これを代入して計算しよう！

A

点Aの位置エネルギー　重力×重力加速度の大きさ×高さ
点Aの運動エネルギー　0

点Bの位置エネルギー　0
B　点Bの運動エネルギー　？

ムムム…

なるほど〜

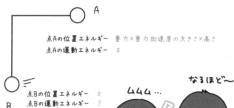

解 答 ＆ 解 説

解く前の準備

　物体が移動するときにはたらく力がする仕事において，途中経路に関係なく始まりと終わりの位置だけで仕事が決まる場合，その力のことを保存力という。例えば，重力や弾性力は保存力であるが，摩擦力は保存力ではない。

　そして，物体に対して保存力だけが仕事をする場合，物体の力学的エネルギーは一定に保たれる。これを力学的エネルギー保存則という。力学的エネルギーが保存されるとき，どの地点でも力学的エネルギーは同じになる。

解答

　点 B における運動エネルギー K_B を考える。運動エネルギーを求める式は p.65 の㉙式であるが，この問題では点 B における物体の速さがわからないため，㉙式を用いることができない。そこで，力学的エネルギー保存則を考える。点 A における力学的エネルギー E_A と点 B における力学的エネルギー E_B は同じであるため，次の式が成り立つ。

　　$E_A = E_B$

　基準面を点 B の位置として，E_A と E_B を求める。点 A における運動エネルギー K_A は静止しているため 0 J であり，位置エネルギー U_A は質量 $m = 2.0\,\mathrm{kg}$，重力加速度の大きさ $g = 9.8\,\mathrm{m/s^2}$，基準面からの高さ $h = 0.30\,\mathrm{m}$ であるので，p.67 の㉚式に代入して

　　$U_A = 2.0\,\mathrm{kg} \times 9.8\,\mathrm{m/s^2} \times 0.30\,\mathrm{m} = 5.88\,\mathrm{J}$

　よって，点 A の力学的エネルギー E_A は p.71 の㉜式に代入して

　　$E_A = 0\,\mathrm{J} + 5.88\,\mathrm{J} = 5.88\,\mathrm{J}$

　点 B における運動エネルギーは K_B であり，位置エネルギー U_B は点 B が基準面の高さにあるので 0 J である。よって点 B の力学的エネルギー E_B は p.71 の㉜式に代入して

　　$E_B = K_B + 0\,\mathrm{J} = K_B$

　したがって，$E_A = E_B$ より

　　$K_B = 5.88\,\mathrm{J} ≒ 5.9\,\mathrm{J}$ 答え

● まとめ：力学的エネルギーの保存

・途中経路に関係なく仕事が決まる力のことを保存力という。
・保存力だけが仕事をする場合，力学的エネルギー保存則が成り立つ。

セ氏温度と絶対温度

熱の表し方の違いとは？

セ氏温度と絶対温度とはそれぞれどのようなものか，その違いはなにか。
これらの質問に答えられるようになろう。

例題

(1) セ氏温度 80℃を絶対温度で表すと何 K か。

(2) 絶対温度 120 K をセ氏温度で表すと何℃か。

(3) 300 K と 10℃の温度差は何℃か。

(4) 300 K と 10℃の温度差は何 K か。

4コマ でわかる解法のポイント

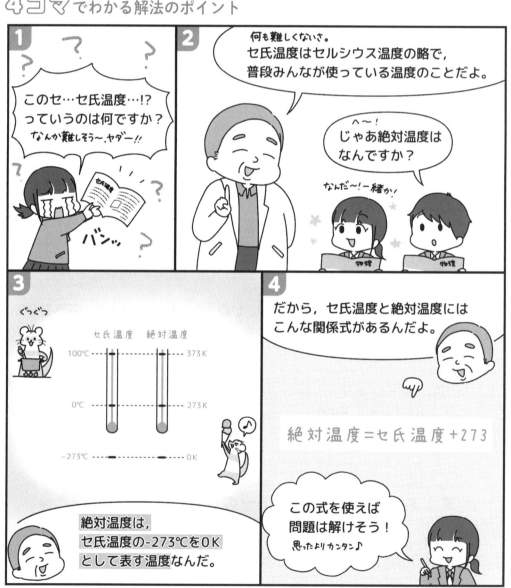

解答 & 解説

解く前の準備

　物質内の原子や分子はたえず不規則な運動（**熱運動**）をしており，熱運動の激しさを表した量が**温度**である。水の融点を 0 ℃，沸点を 100 ℃として決めた温度を**セ氏温度（セルシウス温度）**といい，単位は℃で表す。また，約 −273 ℃になると熱運動が停止するため，この温度を**絶対零度**という。絶対零度を 0 とする温度を**絶対温度**といい，単位は K（ケルビン）で表す。

　絶対温度の値を T，セ氏温度の値を t とすると，絶対温度とセ氏温度の関係は次のようになる。

$$T = t + 273 \quad \cdots\cdots ㉝$$

解答

(1)　㉝式を使って絶対温度を求める。セ氏温度の値 $t = 80$ を㉝式に代入して

$$T = 80 + 273 = 353$$

　　　よって，絶対温度は **353 K** 〈答え〉

(2)　㉝式を使ってセ氏温度を求める。絶対温度の値 $T = 120$ を㉝式に代入して

$$120 = t + 273$$
$$t = -153$$

　　　よって，セ氏温度は **−153 ℃** 〈答え〉

(3)　㉝式を使って 300 K をセ氏温度に直す。絶対温度の値 $T = 300$ を㉝式に代入して

$$300 = t + 273$$
$$t = 27$$

　　　よって，10 ℃との温度差は **17 ℃** 〈答え〉

(4)　㉝式を使って 10 ℃を絶対温度に直す。セ氏温度の値 $t = 10$ を㉝式に代入して

$$T = 10 + 273 = 283$$

　　　よって，300 K との温度差は **17 K** 〈答え〉

● まとめ：セ氏温度と絶対温度

・絶対温度（単位：K）の値 T とセ氏温度（単位：℃）の値 t の関係は
　次の式で求められる。

$$T = t + 273$$

3章 33 比熱と熱容量
温まりやすいとは？

いろいろな物体に熱を与えても，物質の種類や質量の違いによって温度の
変わり方は異なる。それは，比熱や熱容量が関係しているんだ。

例題

(1) 比熱が 4.2 J/(g・K) の水が 150 g ある。この水の温度を 30 K 上昇させ
るのに必要な熱量は何 J か。

(2) 比熱が 0.39 J/(g・K) の銅が 200 g ある。この銅の熱容量は何 J/K か。

4コマでわかる解法のポイント

1

うーん…
なんか難しい言葉が
いっぱい出てきたね…

比熱？熱容量…？

2

比熱は簡単に言うと「温まりやすさ」のことで、
物質ごとにその数字は決まっているんだ。

数字が小さい方が温まりやすく冷めやすいよ。

覚えてなくても
解けるよ！

	物質	温度	比熱
固体	銅	25℃	0.384
	鉄	25℃	0.448
	アルミニウム	25℃	0.902
液体	水	20℃	4.18
気体	酸素	25℃	0.918
	二酸化炭素	27℃	0.853

3

なるほど〜
じゃあ熱容量は？

熱容量も「温まりやすさ」のこと。
ただし，同じ物質でも
その量によって数字は変わるよ。

4

それぞれを数式で表すとこうなる。
熱量，比熱，熱容量の関係を覚えておこう。

熱容量＝質量×比熱

熱量＝熱容量×温度変化
　　＝質量×比熱×温度変化

解答 & 解説

解く前の準備

　物質1gの温度を1K上げるのに必要な熱量をその物質の**比熱**といい，単位はJ/(g・K)（ジュール毎グラム毎ケルビン）で表す。また，物質全体の温度を1K上げるのに必要な熱量のことを**熱容量**といい，単位はJ/K（ジュール毎ケルビン）で表す。

　熱量を Q〔J〕，熱容量を C〔J/K〕，質量を m〔g〕，比熱を c〔J/(g・K)〕，温度変化を ΔT〔K〕とすると，熱量および熱容量は次の式で求められる。

$$Q = mc\Delta T \quad \cdots\cdots ㉞$$
$$C = mc \quad \cdots\cdots ㉟$$

熱容量は C，
比熱は c，
間違えない
ように注意！

解答

(1)　㉞式を使って熱量 Q を求める。質量が150g，比熱が4.2 J/(g・K)，温度上昇が30Kなので，$m = 150$ g，$c = 4.2$ J/(g・K)，$\Delta T = 30$ K を㉞式に代入して
$$Q = 150\,\text{g} \times 4.2\,\text{J/(g・K)} \times 30\,\text{K} = \textbf{18900 J} \quad \boxed{答え}$$

(2)　㉟式を使って熱容量 C を求める。質量が200g，比熱が0.39 J/(g・K) なので，$m = 200$ g，$c = 0.39$ J/(g・K) を㉟式に代入して
$$C = 200\,\text{g} \times 0.39\,\text{J/(g・K)} = \textbf{78 J/K} \quad \boxed{答え}$$

● まとめ：比熱と熱容量

・物質1gの温度を1K上げるのに必要な熱量を**比熱**といい，比熱の単位はJ/(g・K) である。

・物質全体の温度を1K上げるのに必要な熱量を**熱容量**といい，熱容量の単位はJ/K である。

・熱量と熱容量はそれぞれ次の式で求められる。

$$Q = mc\Delta T \qquad\qquad C = mc$$

Q：熱量〔J〕　　m：質量〔g〕　　c：比熱〔J/(g・K)〕　　ΔT：温度変化〔K〕　　C：熱容量〔J/K〕

3章 34 熱量の保存
2物体の温度が同じに!?

熱いお湯に冷たい水を入れると温度が下がる。このとき熱はどうなったのか。実は熱いお湯から冷たい水に熱が移動しているんだ。

例題

120℃に熱した銅100gを20℃の水100gの中に入れて静かにかき混ぜた。十分に時間が経過したとき，全体の温度は何℃になるか。ただし，銅の比熱を0.38 J/(g・K)，水の比熱を4.2 J/(g・K)とし，熱は銅と水との間だけでやりとりされるものとする。

4コマでわかる解法のポイント

1 難しいよね。そんなときはイメージしてみよう。

ナニコレ ゼンゼンワカンナイ…

お〜い ゆいちゃ〜ん

2 熱々の銅が水の中に入るとどうなると思う？

銅

水が温かくなると思います！

3 その通り。それは銅の熱が水に移動したからなんだ。

あげるよ

ありがとう！

熱

銅が失った熱量 ＝ 水がもらった熱量

銅が失った熱の量と水がもらった熱の量は同じだから，このような式がつくれるね。

4 熱量はp.77で習った式を使うよ。求めたい温度をt℃として式を考えよう。

ゆっくりやってみよう！

熱量＝質量×比熱×温度変化

これだF!!

ガンバロウ!!

解答&解説

解く前の準備

高温の物体と低温の物体を接触させたり，混合したりすると高温の物体から低温の物体に熱が移動する。2つの物体を接触または混合してから十分な時間が経つと，両者の温度は等しくなり，熱は移動しなくなる。このような状態を**熱平衡**という。

また，熱のやりとりが2物体間でやりとりされるとき，高温の物体が失った熱量と低温の物体が得た熱量は等しくなる。これを**熱量の保存**という。

解答

銅が失った熱量と水が得た熱量は，p.77 の㉞式で求められる。全体の温度を t〔℃〕，銅の失った熱量を $Q_銅$〔J〕，水の得た熱量を $Q_水$〔J〕とする。

まず，銅の失った熱量 $Q_銅$ を求める。銅の質量が 100 g，銅の比熱が 0.38 J/(g・K) であり，温度変化は 120℃から t まで下がった分の（120 − t）K なので，m = 100 g，c = 0.38 J/(g・K)，ΔT =（120 − t）K を㉞式に代入して

$$Q_銅 = 100\text{ g} \times 0.38\text{ J/(g・K)} \times （120 − t）\text{K}$$
$$= （4560 − 38t）\text{J}$$

次に，水の得た熱量 $Q_水$ を求める。水の質量 100 g，水の比熱 4.2 J/(g・K)，温度変化は 20℃から t まで上がった分の（t − 20）K なので，m = 100 g，c = 0.38 J/(g・K)，ΔT =（t − 20）K を㉞式に代入して

$$Q_水 = 100\text{ g} \times 4.2\text{ J/(g・K)} \times （t − 20）\text{K}$$
$$= （420t − 8400）\text{J}$$

熱量の保存より，銅が失った熱量と水が得た熱量は等しくなるため，

$$Q_銅 = Q_水$$
$$4560 − 38t = 420t − 8400$$
$$458t = 12960$$
$$t = 28.29\cdots$$
$$≒ 28℃ \boxed{答え}$$

まとめ：熱量の保存

・高温の物体が失った熱量と低温の物体が得た熱量は等しくなる。
このことを**熱量の保存**という。

3章 35 熱力学第一法則
熱と仕事の関係は？

手をこすり合わせると手があたたかくなる。しかし，このとき外部から熱を加えたわけではない。何によって温度が上がっているのか考えよう。

例題

(1) ある気体は 6.0×10^3 J の熱量を受けとり，同時に外部から 3.0×10^3 J の仕事をされた。このとき，気体の内部エネルギーは何 J 増加したか。

(2) ある気体に 60×10^3 J の熱を加えたところ，気体は外部に 4.0×10^3 J の仕事をした。このとき，気体の内部エネルギーは何 J 増加したか。

4コマ でわかる解法のポイント

解答 & 解説

解く前の準備

　物体を構成する原子・粒子は熱運動による運動エネルギーと，原子・分子間にはたらく力による位置エネルギーをもっている。物体を構成する原子・分子の運動エネルギーと位置エネルギーの総和をその物体の内部エネルギーという。温度が高い物体ほど大きな内部エネルギーをもっている。容器に閉じ込められた気体において，気体が得た熱量と気体が外部からされた仕事との和は，内部エネルギーの変化と等しくなる。これを熱力学第一法則という。

　内部エネルギーの変化を ΔU 〔J〕，気体が得た熱量を Q 〔J〕，気体が外部からされた仕事を W 〔J〕とすると，熱力学第一法則は次の式で表すことができる。

$$\Delta U = Q + W \qquad \cdots\cdots ㊱$$

解答

(1)　㊱式を使って内部エネルギーの変化 ΔU を求める。気体が得た熱量が 6.0×10^3 J，気体が外部からされた仕事が 3.0×10^3 J なので，$Q = 6.0 \times 10^3$ J，$W = 3.0 \times 10^3$ J を㊱式に代入して

$$\Delta U = (6.0 \times 10^3 \text{ J}) + (3.0 \times 10^3 \text{ J}) = 9.0 \times 10^3 \text{ J} \quad \boxed{\text{答え}}$$

(2)　気体が外部に 4.0×10^3 J の仕事をしたということは，気体は外部から -4.0×10^3 J の仕事をされたということである。よって，気体が得た熱量が 6.0×10^3 J，気体が外部からされた仕事が -4.0×10^3 J なので，$Q = 6.0 \times 10^3$ J，$W = -4.0 \times 10^3$ J を㊱式に代入して

$$\Delta U = (6.0 \times 10^3 \text{ J}) + (-4.0 \times 10^3 \text{ J}) = 2.0 \times 10^3 \text{ J} \quad \boxed{\text{答え}}$$

● まとめ：熱力学第一法則

・物体を構成する原子・分子の運動エネルギーと位置エネルギーの総和を内部エネルギーという。

・熱力学第一法則は次の式で表される。

$$\Delta U = Q + W$$

ΔU：内部エネルギーの変化〔J〕　　Q：気体が得た熱量〔J〕
W：外部からされた仕事〔J〕

3章 36

熱効率

熱を利用しよう！

蒸気機関車は燃料を燃やして水を沸騰させ，動力を得ている。では，蒸気機関は燃料から発生した熱をどれくらい利用できているのだろうか。

例題

(1) ある熱機関に 5.0×10^4 J の熱量を加えたところ，外部に 1.0×10^4 J の仕事をした。この熱機関の熱効率はいくらか。

(2) 熱効率 0.40 の熱機関が外部に 2.0×10^4 J の仕事をするためには，熱機関に何 J の熱量を与える必要があるか。

4コマ でわかる解法のポイント

1

熱機関って何だろう？

期間？器管…？ムムム…

2

外部から得た熱で仕事をする装置のことだよ。機関車なんかがそうだね

シュッ やっほー シュッ

わ〜!!機関車だ〜!!

3

シュッ シュッ

あっ!! ってことは，熱効率って熱機関が仕事をする効率みたいな感じなのかな？

4

おお！すごいね!! その通り。外部から得た熱量に対して外部にした仕事の割合を熱効率というよ。式にするとこうなるね

やった!!

$$\text{熱効率} = \frac{\text{外部にした仕事}}{\text{外部から受け取った熱量}}$$

解答 & 解説

解く前の準備

外部から得た熱によって仕事をする装置を**熱機関**という。熱機関は，外部から得た熱をすべて仕事に変えることはできないため，得た熱の一部を仕事に変え，残りを再び外部に放出する。外部から得た熱に対して外部にした仕事の割合を**熱効率**という。

熱効率を e，熱機関が外部にした仕事を W 〔J〕，外部から得た熱量を Q_0 〔J〕，外部へ放出した熱量を Q 〔J〕とすると，熱効率は次の式で求めることができる。

$$e = \frac{W}{Q_0} = \frac{Q_0 - Q}{Q_0} \quad \cdots\cdots ㊲$$

解答

(1) ㊲式を使って熱効率 e を求める。熱機関が外部にした仕事が 1.0×10^4 J，外部から得た熱量が 5.0×10^4 J なので，$W = 1.0 \times 10^4$ J，$Q_0 = 5.0 \times 10^4$ J を㊲式に代入して

$$e = \frac{1.0 \times 10^4 \text{ J}}{5.0 \times 10^4 \text{ J}} = 0.2 \text{ 答え}$$

(2) 熱機関に与えた熱量 Q_0 は，外部から得た熱量のことである。よって，熱効率が 0.40，熱機関が外部にした仕事が 2.0×10^4 J なので，$e = 0.40$，$W = 2.0 \times 10^4$ J を㊲式に代入して

$$0.40 = \frac{2.0 \times 10^4 \text{ J}}{Q_0}$$

$$Q_0 = \frac{2.0 \times 10^4 \text{ J}}{0.40}$$

$$= 5.0 \times 10^4 \text{ J 答え}$$

● まとめ：熱効率

・外部から得た熱によって仕事をする装置を**熱機関**という。

・**熱効率**は次の式で求められる。

$$e = \frac{W}{Q_0} = \frac{Q_0 - Q}{Q_0}$$

e：熱効率　　W：熱機関が外部にした仕事〔J〕

Q_0：外部から得た熱量〔J〕　　Q：外部へ放出した熱量〔J〕

→ 答えは152 ～ 153 ページ

1 図のように，なめらかな水平面上にある物体に 15 N の力を加えて，10 秒間かけてその力の向きに 20 m 動かした。このとき，次の各問いに答えよ。

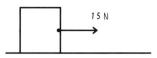

❶❷：5点　　❸：10点

❶ 15 N の力がした仕事は何 J か。

[　　　　　　]

❷ 重力がした仕事は何 J か。

[　　　　　　]

❸ ❶の仕事の仕事率は何 W か。

[　　　　　　]

2 図のように，なめらかな水平面上にある物体をばね を自然長から 1.0 m 縮めた位置で静止させた。ばね 定数が 1.0×10^2 N/m のとき，次の各問いに答えよ。

❶❷❸：10点

❶ 弾性力の大きさは何 N か。

[　　　　　　]

❷ 弾性力による位置エネルギーは何 J か。

[　　　　　　]

❸ 手をはなすと物体は水平方向右向きに動き出した。ばねが自然長の位置にき たときの，物体の運動エネルギーは何 J か。

[　　　　　　]

3 プラスチックのカップに入った 10.0 ℃ の水 200 g の中に，80.0 ℃ のお湯 50.0 g を入れて十分な時間かき混ぜた。このとき，かき混ぜた後の全体の温度は何 ℃ になるか。ただし，水の比熱を 4.20 J/(g・K) とし，熱は水とお湯との間だけでやりとりされるものとする。

20 点

4 ある気体に Q〔J〕の熱を加えると，気体は外部に 1.2×10^2 J の仕事をした。次の各問いに答えよ。

❶❷❸：10 点

❶ $Q = 40$ J のとき，気体の内部エネルギーは何 J 変化したか。

❷ 気体の内部エネルギーが 30 J 増加したとき，Q は何 J か。

❸ ある熱機関に 6.0×10^2 J の熱を加えたところ，外部に 1.5×10^2 J の仕事をした。この熱機関の熱効率はいくらか。

37

波の伝わり方
波をグラフにしてみよう！

波の特徴をとらえるためには，波をグラフで表すのが便利だ。グラフの横軸，縦軸が何かをしっかりと確認しよう。

例題

右図は，x軸方向正の向きに進む波のある時刻での波形である。

(1) この波の振幅は何 m か。

(2) この波の波長は何 m か。

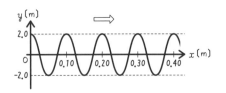

4コマ でわかる解法のポイント

1

波は…たぶんこのうねうねしたグラフのことだよね。

じゃあ振幅と波長はなんだろう？

2

ココ!!

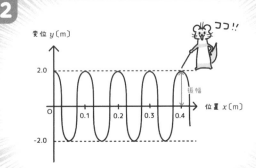

簡単に言うと，振幅は 山の高さのことだ。

ほら，ここのことだよ。

3

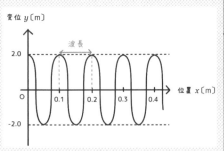

また，波長は 山と山の間の距離のことだよ。

4

振幅も波長もこれからよく出てくるから，間違えないように覚えておこう。

なんだ，簡単じゃん！

やったー！

解答 & 解説

解く前の準備

発生した振動が次々に伝わっていく現象を**波（波動）**といい，波を伝える物質を**媒質**という。波が生じると，媒質はつり合いの位置からずれる。このつり合いの位置に対するずれを**変位**という。

$y-x$ グラフはある時刻における波形を表したもので，縦軸が変位 y 〔m〕，横軸が位置 x 〔m〕である。波形のもっとも高いところを**山**，もっとも低いところを**谷**といい，変位の最大値（山の高さまたは谷の深さ）を**振幅**，波1つ分の長さ（山と山の間隔，または谷と谷の間隔）を**波長**という。

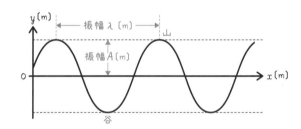

解答

(1) グラフから変位の最大値を読み取ることで，振幅 A を求める。変位の最大値は2.0m なので，振幅 A は

$$A = 2.0 \, \text{m} \quad \text{答え}$$

(2) グラフから波1つ分の長さを読み取ることで，波長 λ を求める。グラフの山から山までの距離は0.10mなので，波長 λ は

$$\lambda = 0.10 \, \text{m} \quad \text{答え}$$

● まとめ：波の伝わり方

・波形のもっとも高いところを**山**，波形のもっとも低いところを**谷**という。

・変位の最大値（山の高さまたは谷の深さ）を**振幅**という。

・波1つ分の長さ（山と山の間隔，または谷と谷の間隔）を**波長**という。

波の伝わる速さ
波の速さを求めよう！

波は，振動が周囲に次々と伝わっていく現象のことである。つまり，波は動くことができるんだ。波の特徴である振動数や速さを求めてみよう。

例題

波源の媒質が1回振動するのに0.50秒かかった。このときの波の波長が2.0mのとき，次の各問いに答えよ。

(1) この波の振動数は何Hzか。

(2) この波の速さは何m/sか。

4コマでわかる解法のポイント

1

振動数って，振動する回数のことでいいのかな…？

ふむ

キャー

2

ほぼ正解！ 正確に言うと，1秒間に振動する回数のことだ。振動数はこの式で求められるよ。

$$振動数 = \frac{1}{周期}$$

3

はーい！先生!!

周期？ってなんですか？

周期は1回振動するのにかかる時間のことだ。ほら，数値は問題文に書いてあるよ。

あ！0.5秒だ!!

4

$$速さ = 振動数 \times 波長$$

速さは振動数と波長を使ってこのような式で求めるよ。運動のときとの違いに注意して覚えよう。

解答 & 解説

解く前の準備

　媒質が 1 回振動するのにかかる時間を**周期**といい，単位は s である。また，媒質が 1 秒間に振動する回数を**振動数**といい，単位は **Hz（ヘルツ）** で表す。振動数を f〔Hz〕，周期を T〔s〕とすると，振動数 f と周期 T の関係は次の式で表される。

$$f = \frac{1}{T} \quad \cdots\cdots ㊳$$

　また，波の速さを v〔m/s〕，波長を λ〔m〕，周期を T〔s〕，振動数を f〔Hz〕とすると，波の速さは次の式で求めることができる。

$$v = \frac{\lambda}{T} = f\lambda \quad \cdots\cdots ㊴$$

解答

(1)　㊳式を使って振動数 f を求める。周期が 0.50 秒なので，$T = 0.50$ s を㊳式に代入して

$$f = \frac{1}{0.50 \text{ s}} = 2.0 \text{ Hz} \text{ 答え}$$

(2)　㊴式を使って波の速さ v を求める。問題文より波長が 2.0 m，(1)より振動数が 2.0 Hz なので，$\lambda = 2.0$ m，$f = 2.0$ Hz を㊴式に代入して
$$v = f\lambda = 2.0 \text{ Hz} \times 2.0 \text{ m} = 4.0 \text{ m/s} \text{ 答え}$$

● まとめ：波の伝わる速さ

・媒質が 1 回振動するのにかかる時間を**周期**といい，媒質が 1 秒間に振動する回数を**振動数**という。
・波の振動数と速さはそれぞれ次の式で求められる。

$$f = \frac{1}{T} \qquad v = \frac{\lambda}{T} = f\lambda$$

f：振動数〔Hz〕　　T：周期〔s〕　　v：速さ〔m/s〕　　λ：波長〔m〕

縦波と横波
縦波と横波って何？

波について，だんだんと理解できてきただろうか。今回は縦波と横波についてだ。実は，波には縦波と横波があるんだ。

例題

つり合いの状態が図1のようになっていた媒質が，図2のように変位している。この縦波を横波表示せよ。

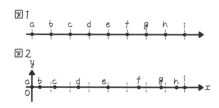

図1

a b c d e f g h i

図2

y

a b c d e f g h i x

O

4コマでわかる解法のポイント

1

横波？縦波？ってなに〜！？

横波は今まで習ってきた波のことだよ。

山とか谷とかあったやつ

振動方向　波の進む向き→

横波は波の進む向きと振動方向が垂直

2

じゃあ，縦波はどんな波なんですか？

一緒ならカンタンだ〜

縦波は図のように動かしてできる波のことだよ。

振動方向　波の進む向き→

密　疎　密

縦波は波の進む向きと振動方向が平行

3

で，どうすれば縦波を横波にできるんですか？

ん〜…

横波と違って縦波ってイメージしづらい〜

いいよ〜

ひろとくんもひっぱって！

4

縦波を横波表示する手順は次の通りだよ。

くわしくは解答の図を見てね

〈縦波を横波表示する手順〉

① つり合いの位置からの変位を X軸上に矢印で描く

② ①で描いた矢印を反時計回りに90度回転する

③ ②で描いた矢印の先端をなめらかにつなぐ

へ〜

解 答 & 解 説

解く前の準備

　波の進行方向と振動の方向が平行な波を縦波といい，媒質の振動方向と波の進行方向が垂直な波を横波という。縦波は，媒質の疎なところや密なところの状態が伝わっていく。縦波はそのままでは波の様子がわかりにくいので，横波のように表すとよい。

解答

　次の手順で縦波を横波表示する。

① つり合いの位置からの変位を x 軸上に矢印で描く。

② ①で描いた矢印を反時計回りに 90 度回転する。

③ ②で描いた矢印を滑らかにつなぐ。

答え

● **まとめ：縦波と横波**

・波の進行方向と振動の方向が平行な波を縦波という。
・媒質の振動方向と波の進行方向が垂直な波を横波という。

波の重ね合わせ
2つの波が出会うと？

2つの波を考える。これらの波が向かい合って進んでいるとする。そうすると2つの波はいずれぶつかるだろう。波はどのようになるか考えてみよう。

例題

右図の2つの波は，それぞれ1cm/sで左右に進んでいく。このとき，2秒後の合成波の波形を作図せよ。ただし，図の1目盛りは1cmとする。

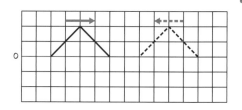

4コマでわかる解法のポイント

1

うーーん
合成波…また違う波が出てきた…
合成ってことは，2つの波がくっつくってことですか？

うわーー

2

そのイメージでだいたい合っているよ。
合成だから，2つの波を足し合わせるんだ。

波を足す？どうやってですか？

3

2秒後に2つの波はどの位置にいるかな？

はい，ゆいさん！

0

え，えーと…この位置？

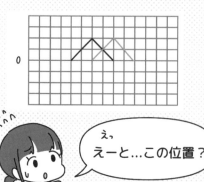

4

その通り！
あとは2つの波の高さを足し算して，答えをグラフにするんだ。

1+0　　0+2
0
1+1

なるほど〜
やったー！

解答 & 解説

解く前の準備

　2つの波が重なり合うと，重なった部分の媒質の変位は2つの波のそれぞれの変位の和になる。これを**波の重ね合わせの原理**という。また，重ね合わせによってできた波を**合成波**という。

解答

　次の手順で2秒後の合成波を描く。

① 　2秒後のそれぞれの波の様子を描く。

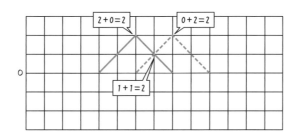

② 　2つの波の変位の和を求めて合成波を描く。

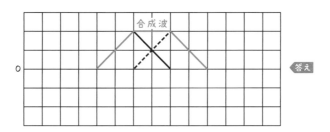

● まとめ：波の重ね合わせ

・2つの波が重なったとき，重なった波の変位はそれぞれの波の和になる。これを**波の重ね合わせの原理**という。
・重ね合わせによってできた波を**合成波**という。

4章 41 定在波（定常波）
まったく進まない波？

重なり合う前の波のように進んで行く波の他にも，その場で上下に動いているようにみえる波があるんだ。これらの違いをしっかりと理解しよう。

例題

右図の2つの波は，x軸上を反対向きに同じ速さで進んでいる。2つの波が重なり，定在波ができたとき，となり合う腹と腹の間隔は何mか。ただし，図の1目盛りは0.10mとする。

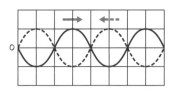

4コマでわかる解法のポイント

1

えーまだちがう波があるのー！？

もうヤダよー

定在波はどういう波なんだろう...

2 定在波は左右どちらにも進まない波のことをいうんだ。波長と振幅が等しい2つの波が，それぞれ逆向きに進んで重なると定在波ができるんだよ。

大きく振動する　まったく振動しない

3 じゃあ，腹っていうのは何ですか？

腹…腹…お腹〜！？

ちょっと…くすぐったいよ〜

4 そう，まさにお腹のイメージだ。大きく振動するところを腹，まったく振動しないところを節というよ。

大きく振動する（腹）　まったく振動しない（節）

ブル

解 答 ＆ 解 説

解く前の準備

　波長と振幅の等しい２つの波が直線上を逆向きに進んで重なると定在波（定常波）が生じる。定在波の中でもっとも大きく振動する部分を腹，全く振動しない部分を節という。定在波は左右のどちらにも移動しない波で，腹と節が交互に等間隔に並ぶ。

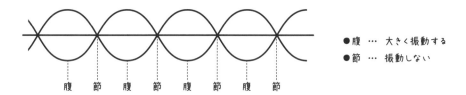

●腹 … 大きく振動する
●節 … 振動しない

解答

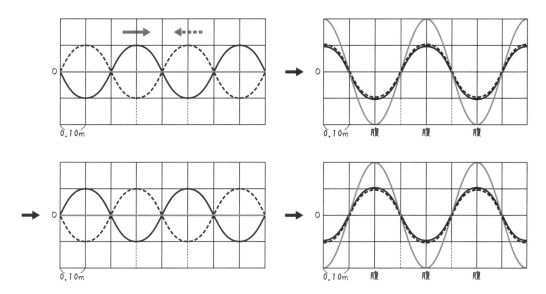

　定在波において，もっとも振動が大きいところが腹，全く振動しないところが節である。腹と腹の間隔は２目盛り分なので，**0.20 m** 答え

● まとめ：定在波（定常波）

・左右のどちらにも進まない波を定在波（定常波）という。
・定在波において，もっとも振動が大きいところを腹，全く振動しないところを節という。

自由端反射
自由端反射とは？

波は媒質を進んで行き，媒質の端まで達すると反射する。反射の仕方は2つあるが，まずは自由端反射の特徴を覚えよう。

例題

右図は右向きに1cm/sの速さで進む波であり，境界で自由端反射する。1目盛が1cmであるとき，図の時刻から3秒後の反射波のようすを作図せよ。

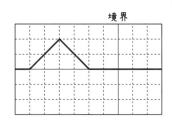

境界

4コマでわかる解法のポイント

1

自由端反射…
自由に反射…？

全然自由じゃないぃぃぃ……
ムズカシイ！ 教えてー！

2 自由端反射は自由端で起こる反射のことで，来た波をそのままの形ではね返すんだ。

自由端

自由端

反射すると…

山→谷の順で
自由端に向かう

山→谷の順で
自分に戻ってくる

3

うーん…
わかったような
わからないような…

でも，3秒後の反射波はどうやって描けばいいんですか？
なんか波の一部だけ反射しそうですけど…

4 自由端反射は簡単だ。次の手順で描くようにしよう。

〈自由端反射の描き方〉

①自由端を無視して波を進める

②自由端で線対象に折り返す

反射波

折り返す

境界
（自由端）

境界
（自由端）

解答 & 解説

解く前の準備

波は媒質の端や異なる媒質との境界まで達すると向きを変えて戻ってくる。これを**波の反射**という。端や境界に向かって進む波を**入射波**，戻ってくる波を**反射波**という。

媒質が自由に動ける端のことを**自由端**といい，自由端での反射を**自由端反射**という。自由端では波の形がそのまま反射されるので，入射波が山であれば反射波も山となり，入射波が谷であれば反射波も谷となる。

解答

次の手順で 3 秒後の自由端反射における反射波のようすを描く。

① 自由端の境界がないものとして，3 秒後まで波を進める。

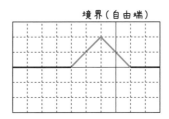

② 境界より先に進んだ波を，自由端の境界で線対称に折り返す。

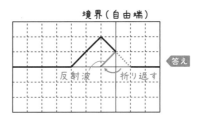

まとめ：自由端反射

・端や境界に向かって進む波を**入射波**といい，端や境界から戻ってくる波を**反射波**という。

・自由端での反射を**自由端反射**といい，自由端での反射波を作図するためには，境界より先の部分を，境界に対して線対称に折り返す。

固定端反射

固定端反射とは？

前回は自由端反射について学習したが，今回はもう一つの波の反射の仕方
である固定端反射について学習する。違いをしっかりと理解しよう。

例題

　右図は右向きに 1 cm/s の速さで進む波であり，
境界で固定端反射する。1 目盛が 1 cm であるとき，
図の時刻から 3 秒後の反射波のようすを作図せよ。

境界

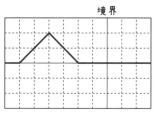

4コマでわかる解法のポイント

1

？？？

自由端反射と似てる…
固定端反射は自由端反射と
何が違うんですか？

カンタンだと
いいな〜

2

固定端反射は，来た波を上下反転させてから
はね返すんだ。

固定端 ⇨　　反射すると… ⇨ 固定端 ⇦

山→谷の順で　　　　　　　　谷→山の順で
固定端に向かう　　　　　　　自分に戻ってくる

3

あ！山と谷が
自由端反射のときと
比べて入れ替ってる〜!!

それじゃあ固定端反射の
ときの反射波はどうやって
描けばいいんですか？

4

固定端反射は自由端反射よりも
ひと手間加えて描くよ。

〈固定端反射の描き方〉

①固定端を無視して
波を進める

②固定端より先の部分を
上下に折り返す

折り返す

③固定端で
線対称に折り返す

折り返す

境界
（固定端）

境界
（固定端）

境界
（固定端）

解答 & 解説

解く前の準備

　媒質が固定されている端を固定端といい，固定端での反射を固定端反射という。固定端では，波の形が上下反転して反射されるので，入射波が山であれば反射波は谷となり，入射波が谷であれば反射波は山となる。

解答

　次の手順で3秒後の固定端反射における反射波のようすを描く。

① 固定端の境界がないものとして，
　3秒後まで波を進める。

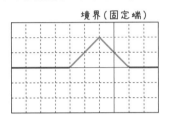

② 境界より先に進んだ波を，
　上下に折り返す。

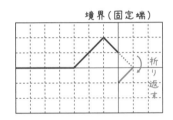

③ 境界より先に進んだ波を，
　固定端で線対称に折り返す。

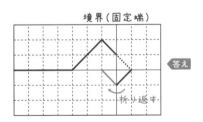

　　● **まとめ：固定端反射**

・固定端での反射を固定端反射といい，固定端での反射波を作図するためには，
　境界より先の部分を上下反転させてから，境界に対して線対称に折り返す。

4章 44 連続波の反射
連続で波を入射させると？

連続して波を入射させると，波が境界まで達して反射する。このとき，入射波と反射波ができるはずだが，これらの波が出会うとどうなるだろうか。

例題

右図はある時刻における入射波の波形である。図のように，x 軸の正の向きに進む正弦波が境界で自由端反射し，しばらく時間が経過すると定在波ができる。その定在波の腹の位置を ● で示せ。

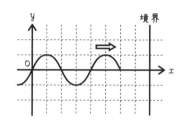

4コマ でわかる解法のポイント

1

うーん，問題がよくわからない…

時間が経過すると定在波ができるってどういうことだろう？

2

まず，図の波をもう少し進めて，境界で自由端反射することを考えよう。

波をもっとのばして…

3

あ，自由端はそのまま折り返せばいいんでしたね！

お〜!! かけた…!!

その通り。あとは重なった部分の波を足し合わせればいいんだ。そうすると定在波ができるよ。

4

さらにいいことを教えよう！定在波と自由端や固定端には次のような関係があるよ。

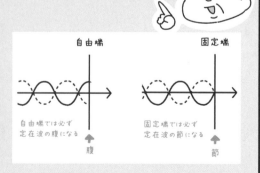

自由端　　　　　　　固定端

自由端では必ず定在波の腹になる　　腹

固定端では必ず定在波の節になる　　節

解 答 & 解 説

解く前の準備

　一定の振幅と波長の波を連続して入射させると，波は境界で反射する。このとき，入射波と反射波の波長が同じなので，重なり合うと定在波ができる。

　境界が自由端のときは境界の媒質が自由に動けるため，自由端は定在波の腹になる。境界が固定端のときは境界の媒質が振動できないため，固定端は定在波の節になる。

解答

　しばらく時間が経過すると，入射波と反射波が合成されて定在波ができる。今回の問題では，波は境界で自由端反射するため，境界は定在波の腹となる。よって，腹となる位置は次のようになる。

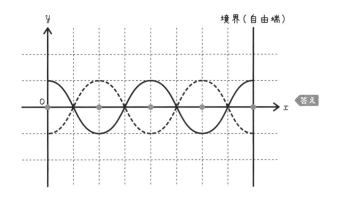

境界が自由端なのか
固定端なのかを
見極めて，定在波を
考えるのか！

● まとめ：連続波の反射

・連続波を入射させると，入射波と反射波の重ね合わせにより定在波ができる。

・境界が自由端のとき，境界は定在波の腹になる。

・境界が固定端のとき，境界は定在波の節になる。

音の正体とは？

楽器を鳴らすと音が聞こえるよね。では，音はどうやって私たちの耳に届くのか。ヒントは媒質の振動で波が伝わることだ。

例題

次の各問いに答えよ。

(1) 振動数が 170 Hz の音の空気中での波長は何 m か。ただし，空気中の音速を 340 m/s とする。

(2) 気温が 25 ℃のとき，空気中での音速は何 m/s か。

4コマでわかる解法のポイント

1

波長って前にやったような…
うわー，どうやって
求めるんだっけ…

前はたしかグラフから
探さなかったっけ？
だからグラフを見れば
カンタン…

フェレットくん
たすけてー

キャー

2

よく覚えているね。
でもグラフがないからここでは使えない。

あはは

ガーーン

そこで，p.88 で習ったこの式を使うんだ。

速さ = 振動数 × 波長

3

そうだそうだ!!
これで(1)はできそう!
でも，(2)の音速の求め方
なんてわからないよー

そうだよね。
音速を求める公式は
これだよ。

音速 = 331.5 + 0.6 × 気温

4

ええー! 音速って気温に
よって変わるの!?

そう，暖かくなるほど
音速は速くなるんだよ。

おーい，ひろとくん
まだ固ってるのかーい？

ガーーン

解 答 & 解 説

解く前の準備

　音はまわりの空気に伝わることで，私たちの耳に届いている。音は空気などを媒質とする波であり，波の性質をもつ。

　音速を V 〔m/s〕，振動数を f〔Hz〕，波長を λ〔m〕とすると，その関係は次の式で表すことができる。

$$V = f\lambda \quad \cdots\cdots ⑩$$

　また，空気中での音速の数値を V，気温の数値を t とすると，空気中での音速は次の式で求められる。

$$V = 331.5 + 0.6t \quad \cdots\cdots ⑪$$

解答

(1)　⑩式を使って音の波長 λ を求める。音速が 340 m/s，振動数が 170 Hz なので，

　$V = 340$ m/s，$f = 170$ Hz を⑩式に代入して

$$340 \text{ m/s} = 170 \text{ Hz} \times \lambda$$
$$\lambda = 2 \text{ m} \boxed{答え}$$

(2)　⑪式を使って，空気中で音速 V を求める。気温が 25 ℃なので，$t = 25$ を⑪式に代入して音速の数値 V を求めると

$$V = 331.5 + 0.6 \times 25 = 346.5$$

　よって，音速は **346.5 m/s** $\boxed{答え}$

まとめ：空気中を伝わる音の速さ

・音速は次の式で求められる。

　（ただし，空気中での音速を求める式にある V や t は数値のみを表す。）

$$V = f\lambda \qquad V = 331.5 + 0.6t$$

V：音速〔m/s〕　　f：振動数〔Hz〕　　λ：波長〔m〕　　t：時間

音を重ね合わせると…?

うなり

音を重ね合わせたとき,「ウァーン」と聞こえたことはあるだろうか。これが,振動数がわずかにずれている場合に聞こえるうなりという現象だ。

例題

振動数が 600 Hz のおんさ A と振動数がわからないおんさ B の 2 つのおんさがある。この 2 つのおんさを同時に鳴らすと,1 秒間に 3 回のうなりが聞こえた。このとき,おんさ B の振動数は何 Hz か。ただし,おんさ A の振動数はおんさ B の振動数より大きいとする。

4コマでわかる解法のポイント

解答 & 解説

解く前の準備

振動数が少し違う2つのおんさを同時に鳴らすと，ウァーン，ウァーンと音の大きさが周期的に変化して聞こえる。このような現象を**うなり**という。

1秒間でのうなりの回数を f〔回/s〕とし，2つの音源の振動数を f_1〔Hz〕，f_2〔Hz〕とすると，1秒間でのうなりの振動数は次の式で求められる。

$$f = |f_1 - f_2| \qquad \cdots\cdots ⑫$$

解答

⑫式を使って，おんさBの振動数を求める。ここで，おんさAの振動数を f_1，おんさBの振動数を f_2 とする。今回の問題では，1秒間でのうなりの回数は3回であり，おんさAの振動数は600Hzなので，$f = 3$回/s，$f_1 = 600$Hz を⑫式に代入して

$$3回/s = |600\,Hz - f_2|$$

ここで，問題文より f_2 は600Hzよりも小さいので，絶対値をはずすと

$$3回/s = 600\,Hz - f_2$$
$$f_2 = 597\,Hz \quad 答え$$

「回/s」と「Hz」は
同じ意味の単位
なんだね！

● まとめ：うなり

・振動数がわずかにずれている2つの音を同時に鳴らしたときに，音の大きさが周期的に変化する現象を**うなり**という。

・1秒間でのうなりの回数は次の式で求められる。

$$f = |f_1 - f_2|$$

f：1秒間でのうなりの回数〔回/s〕
f_1：音源1の振動数〔Hz〕　　f_2：音源2の振動数〔Hz〕

弦の振動を観察しよう！

弦を振動させると，その場で上下に動いている波，つまり定在波が生じる。
他にも弦の振動の特徴はあるのかな？

例題

　両端を固定した長さ 1.7 m の弦に 2 倍振動が生じている。弦を伝わる波の速さは 340 m/s とする。

(1)　定在波の波長は何 m か。

(2)　定在波の振動数は何 Hz か。

4コマ でわかる解法のポイント

1

波長はさっきの公式を使えば…
あれ，振動数もわからないよ？

そう，その公式はまだ使えない。
まずはこの弦の振動のようすを
図示しよう。

2

図示するポイントは 2 つだ。
①両端は固定端だからどちらも節。
② 2 倍振動だから腹が 2 つ。

① 固定端は必ず節になる

② ○倍振動の○の数だけ
腹がある

3

描けましたけど，
これでどうやって波長を
求めるんですか？

実は波長というのは
～（山 1 つ分+谷 1 つ分）の
長さなんだ。
だから図を描くことで
波長がわかるんだよ。

4

波長がわかれば，
さっき使おうとした
公式で振動数を
求められそうです！

こ，公式
なんだっけ…

それじゃあ
計算してみよう。

速さ = 振動数 × 波長

だったね

解 答 & 解 説

解く前の準備

両端を固定させた弦を振動させると，弦には横波が伝わる。この波は弦の両端で反射を繰り返し，弦には定在波が生じる。ここで，弦の端は固定されているので，弦の端は固定端であり，定在波の節になる。そのため，この定在波は特定の振動数で振動する。このときの振動を固有振動といい，振動数を固有振動数という。腹が1個の固有振動を基本振動，腹が2個，3個，…の固有振動を2倍振動，3倍振動，…という。

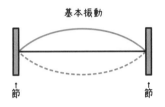

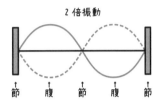

図より，2倍振動のときの波長は弦の長さと等しくなることがわかる。さらに，m倍振動している振動の波長をλ〔m〕，弦の長さをℓ〔m〕とすると，m倍振動の波長は次の式で求められる。

$$\lambda = \frac{2\ell}{m} \quad \cdots\cdots ㊸$$

解答

(1) 2倍振動の波長λは弦の長さと等しくなるので，$\lambda = 1.7\,\text{m}$ 答え

(2) p.89の㊴式を使って，2倍振動している弦の振動数fを求める。問題より波の速さが340 m/s であり，(1)より波長が 1.7 m であるから，$v = 340\,\text{m/s}$，$\lambda = 1.7\,\text{m}$ を㊴式に代入して

$$340\,\text{m/s} = f \times 1.7\,\text{m}$$

$$f = \frac{340\,\text{m/s}}{1.7\,\text{m}} = 200\,\text{Hz}\ 答え$$

● まとめ：弦の振動

・定在波の生じる弦の振動を固有振動といい，そのときの振動数を固有振動数という。

・m倍振動している振動の波長は次の式で求められる。

$$\lambda = \frac{2\ell}{m} \qquad \lambda : m\,倍振動している振動の波長〔m〕 \qquad \ell : 弦の長さ〔m〕$$

閉管の気柱の振動は？

管は大きく分けて2つがあるが，今回はその中の1つ，閉管について学習する。閉管での気柱の振動はどのようになるだろうか？

例題

長さが 0.85 m の閉管内の気柱に基本振動が生じているとき，次の各問いに答えよ。

(1) 定在波の波長は何 m か。

(2) 定在波の振動数は何 Hz か。ただし，音速は 340 m/s とする。

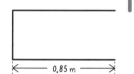

0.85 m

4コマ でわかる解法のポイント

1 なんか，p.106 の問題と似てますね。
波長を求めたり，振動数を求めたり…

そう，弦が管に変わっただけだ。まずは定在波のようすを図示しよう。
そうだね
管ってこんなのー？

2 管の場合，閉じているところは節，開いているところは腹になるんだ。
よーし，ゆいさん チャレンジしてみよう

節　　腹

え!? 私!? え，えーと…
腹と節の位置はわかったから，あとは振動の回数だ!
…あれ? 基本振動? これって何回!?
え，えーー!?

3 大丈夫。落ちついて。
基本振動は1回の振動と考えよう。そうするとわかるかな?

なるほど! じゃあ腹の数は1個だからこうですか?

節　　腹

4 正解! あとは p.106 と同じようにして波長と振動数を求めよう。
波長は ◯（山1つ分＋谷1つ分）の長さだよ

うれしーい　　すごい!

解答 & 解説

解く前の準備

　一方の端が閉じている管を閉管という。閉じた端は空気が振動できないため，固定端になり定在波の節になる。開いた端は空気が自由に振動できるため，自由端になり定在波の腹になる。

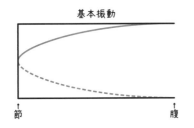

基本振動

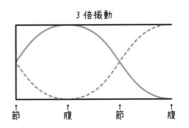

3 倍振動

解答

(1)　この問題では閉管内に基本振動の定在波が発生しているため，図のようになる。

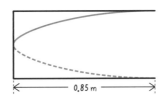

0.85 m

　　図より，この管の長さは 1 波長の $\dfrac{1}{4}$ なので，求める波長 λ は

$$0.85\,\text{m} = \frac{1}{4}\lambda$$

$$\lambda = 3.4\,\text{m} \quad \text{答え}$$

(2)　p.103 の㊵式を使って振動数 f を求める。問題より音速が 340 m/s であり，(1)より波長が 3.4 m なので，$V = 340$ m/s，$\lambda = 3.4$ m を㊵式に代入して

$$340\,\text{m/s} = f \times 3.4\,\text{m}$$

$$f = 100\,\text{Hz} \quad \text{答え}$$

● まとめ：閉管の気柱の振動

・一方の端が閉じている管を閉管という。
・閉管において，閉じた端は固定端となるため定在波の節になり，開いた端は自由端となるため定在波の腹になる。

開管の気柱の振動は？

前回は閉管について学んだが，今回は開管について学ぶ。開管の気柱の振動は閉管とどのように違うのだろうか。

例題

長さが 0.85 m の開管内の気柱に基本振動が生じているとき，次の各問いに答えよ。

(1) 定在波の波長は何 m か。

(2) 定在波の振動数は何 Hz か。ただし，音速は 340 m/s とする。

0.85 m

4コマ でわかる解法のポイント

1
わ，p.108 とほぼ同じ問題だ。
ラッキー！
やったばかりだから覚えてる！

2
まず，開いているところは腹になるから両方とも腹だね。
基本振動は1回振動と同じだから腹の数は1つ…あれ，おかしくない？
え？

3
お，よく気がついたね。
実は開管では最初から腹が2つになるから，基本振動での腹の数は2つなんだ。
でも，それ以外は同じやり方だよ。
腹　　　　腹
そうなんだ！じゃあ図示するとこんな感じかな。

4
あとはまた同じ方法ですよね。なんかできるようになってきた！
ふふ…私ったら天才
ゆいちゃん他にも問題いっぱいあるよ？

解答 & 解説

解く前の準備

両側の端が開いている管を**開管**という。開いた端は空気が自由に振動できるため，自由端になり定在波の腹になる。

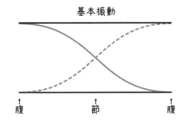

基本振動

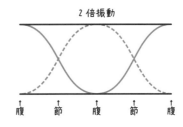

2倍振動

解答

(1) この問題では開管内に基本振動の定在波が発生しているため，図のようになる。

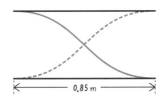

0.85 m

図より，この管の長さは1波長の半分なので，求める波長 λ は

$$0.85\,\text{m} = \frac{1}{2}\lambda$$

$$\lambda = 1.7\,\text{m}\quad \text{答え}$$

(2) p.103 の㊵式を使って振動数 f を求める。問題より音速が 340 m/s であり，(1)より波長が 1.7 m なので，$V = 340\,\text{m/s}$，$\lambda = 1.7\,\text{m}$ を㊵式に代入して

$$340\,\text{m/s} = f \times 1.7\,\text{m}$$

$$f = 200\,\text{Hz}\quad \text{答え}$$

● まとめ：開管の気柱の振動

・両端が開いている管を**開管**という。
・開管において，どちらの端も自由端になり定在波の腹になる。

共振・共鳴って何だろう？

ついに4章ももう最後だ。今回は共振・共鳴について勉強する。波動について復習してからやれば，より深く理解できるかもしれない。

例題

図のように，水の入った円筒管の上端近くでおんさを鳴らしながら水面を下げていくと，管口から水面までの距離が7cmのときにはじめて共鳴が起こり，次に共鳴したのは25cmのときであった。気柱に生じる定在波の波長は何mか。

4コマでわかる解法のポイント

1

うーん…
共鳴って何ですか？

共鳴を知るためには固有振動数を知る必要があるね。

固有振動数…？

2

物体には振動しやすい振動数というものがあって，それを固有振動数というよ。

ふーん…

ん——わかったような…

そして外部からの振動数と物体がもつ固有振動数が同じになったとき，大きな音が鳴る。それが共鳴だ。

3

それで，どうやって波長を求めるんですか？

1回目　2回目
7cm
25cm
18cm(山1つ分)

1回目の共鳴と2回目の共鳴の距離の差を使って求めるんだ。
上の図のようにね

4

ふーん…
求め方はわかったけど…タ分…
なんか，波が管の外にはみ出てない？いいの？

よく気がついたね!
管からはみ出ている長さを開口端補正というんだ。問題とは関係ないけど覚えておいてね。

解答 & 解説

解く前の準備

　物体には，それぞれ振動しやすい振動数（固有振動数）があり，この固有振動数と等しい振動数の力を周期的に受けると，だんだんと大きな振幅で振動するようになる。これを共振または共鳴という。

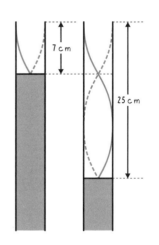

解答

　水の入った円筒管は閉管である。初めて気柱が共鳴したときおよび2回目に気柱が共鳴したときの波のようすは右図のようになる。

　1回目と2回目に共鳴が起きた気柱の長さの差は

$$25\,\text{cm} - 7\,\text{cm} = 18\,\text{cm}$$

　これが定常波の1波長の半分の長さと同じなので，求める波長をλとすると

$$\frac{1}{2}\lambda = 0.18\,\text{m}$$

$$\lambda = 0.36\,\text{m} \quad \boxed{\text{答え}}$$

まとめ：共振・共鳴

・物体にある振動しやすい振動数（固有振動数）と等しい振動数の力を周期的に受けると，だんだんと大きな振幅で振動するようになる現象を共振または共鳴という。

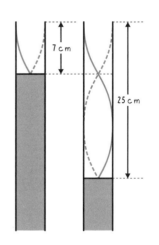

定期テスト対策問題4

得点

／100点

4章 波動

→ 答えは154〜155ページ

1 図のように，x 軸上を正の向きに速さ 2.0 m/s で進む正弦波について，次の各問いに答えよ。

❶：各5点　❷：10点

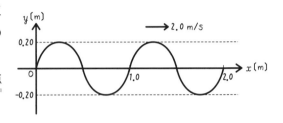

❶ 振幅，波長，振動数，周期をそれぞれ求めよ。

振幅 [　　　　　] 　波長 [　　　　　]

振動数 [　　　　　] 　周期 [　　　　　]

❷ 図の状態より 0.25 秒後の波のようすを図にかけ。

2 気温が 25 ℃ の部屋の中に，振動数が 4.0×10^2 Hz の音を出す音源がある。この音源から音を出したとき，次の各問いに答えよ。

❶❷：10点

❶ この部屋の空気中での音速は何 m/s か。 [　　　　　]

❷ ❶の音速のとき，この音の空気中での波長は何 m か。

[　　　　　]

3 図のように，振動数 6.0×10^2 Hz のおんさ A に糸をつけ，他端におもりをつるした。おんさ A と滑車との距離を 2.0 m にしておんさ A を振動させたところ，糸に腹の数が 2 個の定在波が生じた。次の各問いに答えよ。

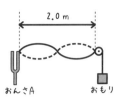

おんさA　　　おもり

①②③：10 点

❶ 定在波の波長は何 m か。　　　　　　　　　　　　[　　　　　]

❷ 糸を伝わる波の速さは何 m/s か。　　　　　　　　[　　　　　]

❸ おんさ A を別のおんさ B に取りかえて振動させたところ，腹の数が 4 つになった。おんさ B の振動数は何 Hz か。

[　　　　　]

4 水の入った円筒管の上端近くでおんさを鳴らしながら水面を下げていくと，管口から水面までの距離が 7.0 cm のときにはじめて共鳴が起こり，次に共鳴したのは 25 cm のときであった。開口端補正 $\Delta \ell$ 〔cm〕は常に一定であるとして，次の各問いに答えよ。

①②：10 点

❶ 気柱に生じる定在波の波長は何 m か。　　　　　　[　　　　　]

❷ 開口端補正 $\Delta \ell$ は何 cm か。　　　　　　　　　　[　　　　　]

5章 電荷と静電気

51 電気って何だろう？

第5章では，電気と磁気について学ぶ。まずは，電荷と静電気についてだ。
目に見えない電気について，少しずつ理解を深めていこう。

例題

(1) ガラス棒に絹の布をこすると，ガラス棒は正（＋）に，絹の布は負（−）に
帯電した。このとき，電子はどちらからどちらの向きに移動したか。

(2) 帯電した小球に，正に帯電したガラス棒を近づけると，小球はガラス棒から
離れるように動いた。小球は正，負のどちらに帯電していたか。

4コマでわかる解法のポイント

1

電子って中学のときにも
出てきたなあ…
何でしたっけ？

物体がもつ電気のことを電荷
というんだけど，電子は負の
電荷をもつ粒子のことだよ。

2

帯電は聞いたことないよ！
あれ，私が忘れてるだけ!?

帯電はプラスもしくは
マイナスの電気をもっている
状態のことだ。

何コレ〜

3

電子とか帯電はわかったけど，
(1)の電子って結局どっちに
移動したんだろう？

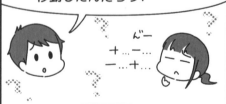

見極め方は簡単！
電子は負の電荷をもっているから，
電子を受け取った後の物体は
負に帯電しているんだ。

4

(2)は思い出しました！
たしか，プラスどうしとかマイナス
どうしだと離れるんですよね!

よく覚えていたね。
逆にプラスとマイナスの
物体だと引き合うんだったね。

解 答 & 解 説

解く前の準備

すべての物体は原子でできていて，基本的には原子核がもつ正の電気と電子がもつ負の電気の量は等しい。物体のもつ電気のことを**電荷**といい，物体が電荷をもつことを**帯電**という。また，このときに生じた電気のことを**静電気**という。

2つの物体をこすり合わせると，電子が移動する。電子を受けとった方は負（−）に帯電し，電子を渡した方は正（＋）に帯電する。帯電した物体どうしの間では，正と負の電気なら引き合い，正と正，負と負の電気どうしならしりぞけ合う性質をもつ。

解答

(1) ガラス棒は正（＋）に，絹の布は負（−）に帯電していることから，電子を受け取ったのは絹の布，電子を渡したのはガラス棒である。よって，電子の移動の向きは**ガラス棒から絹の布** 答え

(2) 小球がガラス棒からはなれるように動いたことから，小球はガラス棒と同じ電気を帯びていることがわかる。ガラス棒は正に帯電していたので，小球が帯電していたのは**正の電気** 答え

● まとめ：電荷と静電気

・物体のもつ電気を**電荷**といい，物体が電荷をもつことを**帯電**という。

・物体にとどまって移動しない電気を**静電気**という。

・電子を受けとった方は負（−）に帯電し，電子を渡した方は正（＋）に帯電する。

・正と負の電気なら引き合い，正と正，負と負の電気どうしならしりぞけ合う。

電気はどう流れている？

身の回りの電気製品は，コンセントや電池から導線を通して持続的に電気を受け取ることで動いている。導線を流れる電気について考えてみよう。

例題

(1) 3.0秒間に，ある断面を通過した電気量は6.0Cだった。このとき，断面を流れる電流の大きさは何Aか。

(2) 導線に電流が0.50A流れている。導線のある断面を8.0Cの電気量が通過するのにかかる時間は何秒か。

4コマでわかる解法のポイント

解答 & 解説

解く前の準備

　電荷の量を**電気量**といい，単位は C（クーロン）で表す。また，電荷の流れのことを**電流**といい，単位は A（アンペア）で表す。電流の大きさは，導線などの断面を単位時間あたりに通過する電気量で表す。

　電流を I〔A〕，電気量を Q〔C〕，時間を t〔s〕とすると，電流の大きさは次の式で求めることができる。

$$I = \frac{Q}{t} \quad \cdots\cdots ⑭$$

解答

(1)　⑭式を使って電流の大きさ I を求める。電気量が 6.0 C，時間が 3.0 秒なので，$Q = 6.0$ C, $t = 3.0$ s を⑭式に代入して

$$I = \frac{6.0\ \text{C}}{3.0\ \text{s}} = 2.0\ \text{A} \ \text{〈答え〉}$$

(2)　⑭式を使って時間 t を求める。電流が 0.50 A，電気量が 8.0 C なので，$I = 0.50$ A, $Q = 8.0$ C を⑭式に代入して

$$0.50\ \text{A} = \frac{8.0\ \text{C}}{t}$$

$$t = \frac{8.0\ \text{C}}{0.50\ \text{A}}$$

$$= 16\ \text{s} \ \text{〈答え〉}$$

● まとめ：電流

・電荷の量を**電気量**といい，単位は **C（クーロン）** で表す。

・電荷の流れを**電流**といい，単位は **A（アンペア）** で表す。

・電流の大きさは，次の式で求めることができる。

$$I = \frac{Q}{t} \qquad I:電流〔A〕 \quad Q:電気量〔C〕 \quad t:時間〔s〕$$

オームの法則
電圧や電流の関係は？

今回は電圧，電流，電気抵抗，オームの法則について学習する。中学校で勉強した内容を思い出してみよう。

例題

(1) 50 Ωの抵抗に 0.40 A の電流が流れているとき，この抵抗に加わっている電圧は何 V か。

(2) ある抵抗に 12 V の電圧を加えると，0.20 A の電流が流れることがわかった。この抵抗の抵抗値は何Ωか。

4コマでわかる解法のポイント

解 答 & 解 説

解く前の準備

　回路に電流を流そうとするはたらきのことを**電圧**といい，単位は **V（ボルト）**である。また，電流の流れにくさのことを**電気抵抗（抵抗）**といい，単位は**Ω（オーム）**である。

　抵抗の両端に加わる電圧と抵抗に流れる電流には比例関係がある。これを**オームの法則**という。電圧を V〔V〕，抵抗の抵抗値を R〔Ω〕，電流を I〔A〕とすると，オームの法則は次の式で表すことができる。

$$V = RI \quad \cdots\cdots ㊺$$

解答

(1)　㊺式を使って電圧 V を求める。抵抗が 50 Ω，電流が 0.40 A なので，$R = 50$ Ω，$I = 0.40$ A を㊺式に代入して

$$V = 50\ \Omega \times 0.40\ A = 20\ V \quad \boxed{答え}$$

(2)　㊺式を使って抵抗 R を求める。電圧が 12 V，電流が 0.20 A なので，$V = 12$ V，$I = 0.20$ A を㊺式に代入して

$$12\ V = R \times 0.20\ A$$

$$R = \frac{12\ V}{0.20\ A}$$

$$= 60\ \Omega \quad \boxed{答え}$$

オームの法則は
間違いやすいから
しっかりチェック！

● まとめ：オームの法則

・**オームの法則**は次の式で求めることができる。

$$V = RI \qquad V：電圧〔V〕 \qquad R：抵抗の抵抗値〔Ω〕 \qquad I：電流〔A〕$$

合成抵抗

抵抗を1つと考えよう！

2つの抵抗をつなげた場合を考える。抵抗はつなぎ方によって回路全体の抵抗の大きさを変えたり，電流の流れ方を変えたりすることができるんだ。

例題

20 Ωの抵抗 R_1 と 30 Ωの抵抗 R_2 を次の(1)，(2)のようにつないだ。それぞれの合成抵抗はそれぞれ何Ωか。

(1)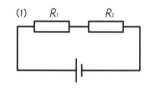

(2)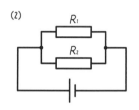

4コマでわかる解法のポイント

1

(1)のつなぎ方と(2)のつなぎ方，それぞれ覚えているかな？

えーと…
(1)が直列接続で
(2)が並列接続？

ん〜 そんな言葉 知らない

あったね〜 ケド

2

正解! そして合成抵抗というのは，2つ以上の抵抗を1つの抵抗として考えたときの抵抗なんだ。

ふーん

2つを1つ…？

3

直列接続した抵抗の合成抵抗は次の式で求められるよ。

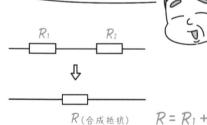

R（合成抵抗）

$$R = R_1 + R_2$$

なんか1つだと簡単そう…！

4

並列接続した抵抗の合成抵抗はこの式だ。並列接続は少し複雑だよ。

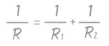

R（合成抵抗）

$$\frac{1}{R} = \frac{1}{R_1} + \frac{1}{R_2}$$

解答 & 解説

解く前の準備

　接続した抵抗を合わせて，1 つの抵抗とみなしたときの抵抗値を合成抵抗という。(1) のようなつなぎ方を直列接続，(2)のようなつなぎ方を並列接続という。

　合成抵抗を R〔Ω〕，2 つの抵抗を R_1〔Ω〕，R_2〔Ω〕とすると，直列接続した抵抗の合成抵抗および並列接続した抵抗の合成抵抗は次の式で求められる。

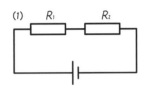

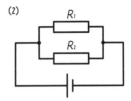

$$R = R_1 + R_2 \quad \cdots\cdots ㊻$$

$$\frac{1}{R} = \frac{1}{R_1} + \frac{1}{R_2} \quad \cdots\cdots ㊼$$

解答

(1)　㊻式を使って，直列接続した抵抗の合成抵抗 R を求める。2 つの抵抗はそれぞれ 20 Ω，30 Ωなので，$R_1 = 20$ Ω，$R_2 = 30$ Ωを㊻式に代入して

$$R = 20 \text{ Ω} + 30 \text{ Ω} = 50 \text{ Ω} \quad \boxed{答え}$$

(2)　㊼式を使って，並列接続した抵抗の合成抵抗 R を求める。2 つの抵抗はそれぞれ 20 Ω，30 Ωなので，$R_1 = 20$ Ω，$R_2 = 30$ Ωを㊼式に代入して

$$\frac{1}{R} = \frac{1}{20 \text{ Ω}} + \frac{1}{30 \text{ Ω}} = \frac{5}{60 \text{ Ω}} = \frac{1}{12 \text{ Ω}}$$

$$R = 12 \text{ Ω} \quad \boxed{答え}$$

● まとめ：合成抵抗

・接続した抵抗を合わせて，1 つの抵抗とみなしたときの抵抗値を合成抵抗という。

・直列接続，並列接続した抵抗の合成抵抗はそれぞれ次の式で求められる。

　　直列接続：$R = R_1 + R_2$　　　並列接続：$\dfrac{1}{R} = \dfrac{1}{R_1} + \dfrac{1}{R_2}$

　　R：合成抵抗〔Ω〕　　R_1：抵抗①の抵抗値〔Ω〕　　R_2：抵抗②の抵抗値〔Ω〕

抵抗の値はどう決まる？

抵抗値は材質や長さによって変わってくる。では，どのような関係で抵抗値は決まってくるのだろうか。

例題

(1) 抵抗 A の長さを半分にし，断面積を 2 倍にしたものを抵抗 B とするとき，抵抗 B の抵抗値は抵抗 A の抵抗値の何倍か。

(2) 断面積が $2.2 \times 10^{-7}\,\mathrm{m^2}$，抵抗率が $1.1 \times 10^{-6}\,\Omega \cdot \mathrm{m}$ のニクロム線を用いて $2.0\,\Omega$ の抵抗をつくったとき，ニクロム線の長さは何 m か。

4コマでわかる解法のポイント

1 長さを半分にしたけど断面積を2倍にしているから，抵抗Aも抵抗Bも変わらない気がするんだけど。

抵抗 A　　抵抗 B

Aの2倍　Aの半分

2 自分で予想してみるのはいいことだ。じゃあ，先生からヒント！抵抗値を求める式はこれだよ。

$$抵抗値 = 抵抗率 \times \frac{抵抗の長さ}{抵抗の断面積}$$

んー…抵抗率って何ですか？

3 抵抗率は材質や温度によって決まる値のことだ。

うーん…この式を見ても抵抗値がどうなるのかよくわからない…

4 この式を見ると，抵抗値は長さに比例して断面積に反比例していることがわかるよ。

まあよく分からなかったら数値を代入してごらん。

はーい！！そうしまーす！！

解 答 & 解 説

解く前の準備

抵抗値は抵抗の種類や温度によって決まる。この定数を**抵抗率**という。一般に，抵抗値は抵抗の長さに比例し，断面積に反比例する。

抵抗の抵抗値を R 〔Ω〕，抵抗率を ρ 〔Ω・m〕，抵抗の長さ ℓ 〔m〕，抵抗の断面積を S 〔m²〕とすると，抵抗値は次の式で求めることができる。

$$R = \rho \frac{\ell}{S} \quad \cdots\cdots ㊽$$

解答

(1) 抵抗 A の抵抗値を R_1，抵抗率を ρ，長さを ℓ，断面積を S とする。㊽式を使って，抵抗 A の抵抗値を表すと

$$R_1 = \rho \frac{\ell}{S}$$

次に抵抗 B の抵抗値を R_2 とし，㊽式を使って抵抗値を表す。抵抗 B の抵抗率は ρ，長さは $\dfrac{\ell}{2}$，断面積は $2S$ となるので

$$R_2 = \rho \frac{\frac{\ell}{2}}{2S} = \rho \frac{\ell}{4S} = \frac{1}{4} \times \rho \frac{\ell}{S} = 0.25 \times \rho \frac{\ell}{S}$$

よって，抵抗 B の抵抗値は抵抗 A の抵抗値の **0.25 倍** 〈答え〉

(2) ㊽式を使ってニクロム線の長さ ℓ を求める。抵抗値が 2.0 Ω，抵抗率が 1.1×10^{-6} Ω・m，断面積が 2.2×10^{-7} m² なので，$R = 2.0$ Ω，$\rho = 1.1 \times 10^{-6}$ Ω・m，$S = 2.2 \times 10^{-7}$ m² を㊽式に代入して

$$2.0 \text{ Ω} = 1.1 \times 10^{-6} \text{ Ω・m} \times \frac{\ell}{2.2 \times 10^{-7} \text{ m}^2}$$

$$\ell = \frac{2.0 \text{ Ω} \times 2.2 \times 10^{-7} \text{ m}^2}{1.1 \times 10^{-6} \text{ Ω・m}} = 4.0 \times 10^{-1} \text{ m} = \textbf{0.40 m} \text{ 〈答え〉}$$

● まとめ：抵抗率

・抵抗値は次の式で求めることができる。

$$R = \rho \frac{\ell}{S}$$

R：抵抗値〔Ω〕　　ρ：抵抗率〔Ω・m〕
ℓ：抵抗の長さ〔m〕　　S：抵抗の断面積〔m²〕

電力と電力量

電力はどう表す？

モーターに電気を流すと，回転して物体を動かすなど仕事をする。仕事をするということは，電気はエネルギーを持っているんだ。

例題

(1) 抵抗に 6.0 V の電圧を加えると，0.50 A の電流が流れた。このとき，抵抗の消費する電力は何 W か。

(2) (1)のとき，2.0 秒間で消費する電力量は何 J か。

(3) 1 kWh は何 J か。

4コマでわかる解法のポイント

解 答 & 解 説

解く前の準備

電流が単位時間当たりにした仕事を電力といい，単位は W で表す。電力を P〔W〕，電流を I〔A〕，電圧を V〔V〕とすると，電力は次の式で求めることができる。

$$P = IV \quad \cdots\cdots ㊾$$

電力を一定時間に消費した量を電力量といい，単位は J で表す。電力量を W〔J〕，電力を P〔W〕，時間を t〔s〕とすると，電力量は次の式で求めることができる。

$$W = Pt = IVt \quad \cdots\cdots ㊿$$

また，電力量の使用時間を s（秒）ではなく h（時間）で表す単位として Wh（ワット時）がある。

解答

(1) ㊾式を使って，電力 P を求める。電流が 0.50 A，電圧が 6.0 V なので，$I = 0.50$ A，$V = 6.0$ V を㊾式に代入して

$$P = 0.50 \text{ A} \times 6.0 \text{ V} = \textbf{3.0 W} \text{〈答え〉}$$

(2) ㊿式を使って，電力量 W を求める。(1)より電力が 3.0 W，時間が 2.0 秒なので，$P = 3.0$ W，$t = 2.0$ s を㊿式に代入して

$$W = 3.0 \text{ W} \times 2.0 \text{ s} = \textbf{6.0 J} \text{〈答え〉}$$

(3) 1 kWh は 1000 Wh である。1000 Wh は 1000 W の電力を 1 時間使用したときの電力量と同じなので，$P = 1000$ W，$t = 3600$ s を㊿式に代入して

$$W = 1000 \text{ W} \times 3600 \text{ s} = \textbf{3.6} \times \textbf{10}^6 \text{ J} \text{〈答え〉}$$

● まとめ：電力と電力量

・電流が単位時間当たりにした仕事を電力といい，単位は W で表す。

・電力を一定時間に消費した量を電力量といい，単位は J や Wh で表す。

・電力，電力量はそれぞれ次の式で求められる。

$$P = IV \qquad W = Pt = IVt$$

P：電力〔W〕　　I：電流〔A〕　　V：電圧〔V〕　　W：電力量〔J〕　　t：時間〔s〕

ジュール熱

5章 57 ジュール熱を求めよう！

電熱線などの抵抗に電流が流れると熱が発生する。このときの発生する熱を求めてみよう。

例題

(1) ある抵抗に 6.0 V の電圧を加え，0.50 A の電流を 2.0 秒間流した。抵抗で生じるジュール熱は何 J か。

(2) 15 Ω の抵抗に 12 V の電圧を 5.0 秒間加えた。抵抗で生じるジュール熱は何 J か。

4コマでわかる解法のポイント

解答&解説

解く前の準備

電熱線などの抵抗に電流が流れると熱が発生する。このとき発生する熱を**ジュール熱**といい，単位はJで表す。電熱線などですべての電気エネルギーがジュール熱に変わったとき，ジュール熱と電力量は等しくなる。

ジュール熱を Q〔J〕，電流を I〔A〕，電圧を V〔V〕，時間を t〔s〕とすると，ジュール熱は次の式で求めることができる。

$$Q = IVt \quad \cdots\cdots (51)$$

解答

(1)　(51)式を使ってジュール熱 Q を求める。電流が 0.50 A，電圧が 6.0 V，時間が 2.0 s なので，$I = 0.50$ A，$V = 6.0$ V，$t = 2.0$ s を(51)式に代入して

$$Q = 0.50\ \text{A} \times 6.0\ \text{V} \times 2.0\ \text{s} = \mathbf{6.0\ J}$$ 答え

(2)　(51)式の中で電流 I の値がわからないので，p.121 のオームの法則を使って電流を求める。電圧 $V = 12$ V，抵抗値 $R = 15\ \Omega$ を p.121 の㊺式に代入して

$$12\ \text{V} = 15\ \Omega \times I$$

$$I = \frac{12\ \text{V}}{15\ \Omega} = 0.80\ \text{A}$$

よって，$I = 0.80$ A，$V = 12$ V，$t = 5.0$ s を(51)式に代入してジュール熱 Q を求めると

$$Q = 0.80\ \text{A} \times 12\ \text{V} \times 5.0\ \text{s} = \mathbf{48\ J}$$ 答え

まとめ：ジュール熱

・抵抗に電流が流れたときに発生した熱を**ジュール熱**といい，単位はJで表す。
・ジュールの法則は次の式で求められる。

$Q = IVt$　　Q：ジュール熱〔J〕　I：電流〔A〕　V：電圧〔V〕　t：時間〔s〕

5章 磁場
58 磁力がはたらく空間

5章ももう中盤だ。今回は磁場について学習する。棒磁石や流れる電流の
まわりの磁場はどうなっているか，考えてみよう。

例題

(1) 図の矢印の向きに電流を流したところ，磁場が生じた。
磁場の向きはアかイのどちらか。

(2) (1)と逆向きに電流を流したときに生じる磁場の向きは，
アかイのどちらか。

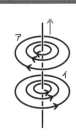

4コマでわかる解法のポイント

1

うーん
磁場って
何ですか？

磁場は磁気力が
はたらく空間の
ことだよ。

さっさってっ〜

わー！

2

磁気力？
磁石がくっつくみたいな？

磁力線

Z　　　S

まさにそれだ。
ちなみに棒磁石のまわりは
こんな磁場になっているよ。

3

磁石のまわりに磁場が
できるのはわかりましたけど
電流を流したときにも
磁場はできるんですか？

へ〜

物理

そうなんだ。
電流のまわりには決まった
向きに磁場ができるよ。

4

今回は，電流の向きを右手の
親指にしたときにそれ以外の
指の向きが磁場の向きになるよ。

これが右ねじの法則だ

電流の向き

右手

磁場の向き

〈右ねじの法則〉

ぐっ

解答 & 解説

解く前の準備

棒磁石のまわりに方位磁針を置くと，磁針は棒磁石から磁気力を受ける。このように磁気力のはたらく空間を磁場という。方位磁針のN極が指す向きが磁場の向きである。方位磁針の向きをつなげて書いた曲線を磁力線という。

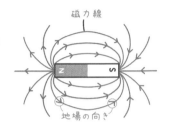

棒磁石と同じように電流の周りにも磁場ができる。このとき，電流の向きを右ねじの進む向きに合わせると，ねじを回す向きが電流によってできる磁場の向きになる。これを右ねじの法則という。

解答

(1) 右ねじの法則より，電流の向きを右ねじの進む向きに合わせると，ねじを回す向きが電流によってできる磁場の向きになる。

よって，磁場の向きは**イ** 答え

(2) 電流を逆向きにすると，右ねじの法則より磁場の向きも逆向きになる。

よって，磁場の向きは**ア** 答え

右ねじの法則は，「磁場の向きを右手の親指にすれば，それ以外の指の向きが電流の向きになる」としても使えるんだ！

● まとめ：磁場

・磁石から受ける力を磁気力といい，磁気力のはたらく空間を磁場という。
・電流の向きを右ねじの進む向きに合わせると，ねじを回す向きが電流によってできる磁場の向きになる。これを右ねじの法則という。

コイルと磁石による電流

実は，コイルのまわりで磁石を動かすとコイルに電流が流れるんだ。これはどうして起こるのだろうか。この現象を説明できるようになろう。

例題

　　磁石のN極を下向きにしてコイルに近づけると，コイルに電圧が生じ，電流が反時計回りに流れた。次の各問いに答えよ。

⑴　コイルに生じた電圧および流れた電流を何というか。

⑵　同じ状態で磁石を遠ざけたときに流れる電流の向きを答えよ。

4コマでわかる解法のポイント

解 答 ＆ 解 説

解く前の準備

　コイルのまわりで磁石を動かすと，コイルのまわりの磁場の状態が変化して，コイルの両端に電圧が生じることでコイルに電流が流れる。この現象を**電磁誘導**という。このときコイルの両端に生じる電圧のことを**誘導起電力**といい，誘導起電力によって回路に流れる電流のことを**誘導電流**という。

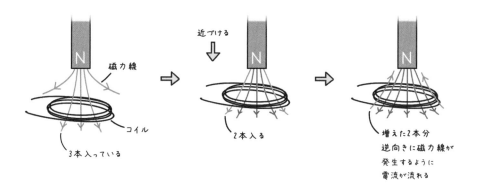

解答

(1)　コイルに生じた電圧を**誘導起電力**といい，誘導起電力によってコイルに流れた電流を**誘導電流**という。 答え

(2)　問題ではN極を下向きにしてコイルに近づけたとき，反時計回りに電流が流れた。N極を下向きにしたままコイルから遠ざけたとき，電流の向きは逆向きになるので，**時計回り**に流れる。 答え

電流の向きに
注意！

● まとめ：電磁誘導

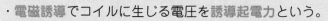

・**電磁誘導**でコイルに生じる電圧を**誘導起電力**という。

・誘導起電力によってコイルに流れる電流を**誘導電流**という。

直流と交流
直流と交流の違いは？

電流には，電池から得られるような直流と，家庭用コンセントから得られ
るような交流があるんだ。直流と交流の特徴ををしっかりと理解しよう。

例題

図のように回路に流れる電流が周期的に変化し
ている。この電流の周期は何秒か。またこの電流
の周波数は何 Hz か。

4コマ でわかる解法のポイント

1

直流と交流って
何が違うんですか？

直流は電流や電圧の向きが
決まっている電気のことだよ。

今まで習ってきた電流は直流だ

2

ふーん…
じゃあ交流は？

交流は電流や電圧の向きが
周期的に変わる電気のことだ。

ふーん

3

あ〜!!
周期って波のところでも
出てきたよね!?

公式は忘れちゃったけど(笑)

電流

時間

周期

そうそう！
周期は1回振動するのに
かかる時間のことだったね。

4

そして交流が1秒間に振動する
回数を周波数といって，
次の公式が成り立つよ。

波のときは周波数ではなく
振動数という名前だったね

$$周波数 = \frac{1}{周期}$$

そうだったっけ？　ごめんごめん

もぉ〜!!
ボクが
教えたでしょ!!

解答 & 解説

解く前の準備

電池を用いた回路のように，一定の電流が＋極から－極に向かって流れ続け，その向きと大きさが時間により変化しない電流を直流という。

一方，家庭用コンセントの回路のように電圧の向きと大きさが周期的に変化する電流を交流という。交流回路の電圧は，向きと大きさが周期的に変化している。交流が1回振動するのに要する時間のことを周期といい，単位は s で表す。また，交流が1秒間に振動する回数を周波数といい，単位は Hz で表す。

周波数を f 〔Hz〕，周期を T 〔s〕とすると，周波数は次の式で求めることができる。

$$f = \frac{1}{T} \quad \cdots\cdots ㊱$$

P.89 の ㊳ 式と同じだ！

解答

問題の図より，交流が1回振動するのに要する時間は 0.40 s である。

よって，周期は **0.40 s** 答え

㊱式を使って周波数 f を求める。周期は 0.40 s なので，$T = 0.40$ s を㊱式に代入して

$$f = \frac{1}{0.40 \text{ s}} = \textbf{2.5 Hz} \text{ 答え}$$

● まとめ：直流と交流

・向きと大きさが一定の電流を直流といい，電圧の向きと大きさが周期的に変化する電流を交流という。

・周波数は次の式で求められる。

$$f = \frac{1}{T} \qquad f : 周波数 〔Hz〕 \qquad T : 周期 〔s〕$$

電気と磁気

実効値って何だろう？

交流では，電圧と時間がつねに変化している。この交流が直流と同じはたらきをするためにはどのようにしたら良いか，考えてみよう。

例題

(1) 最大値が 141 V の交流電圧の実効値は何 V か。

(2) 電圧の実効値が 100 V の交流電源に 400 Ω の抵抗をつないだ。このとき，抵抗を流れる交流電流の実効値は何 A か。

(3) (2)のとき，抵抗で消費される電力は何 W か。

4コマでわかる解法のポイント

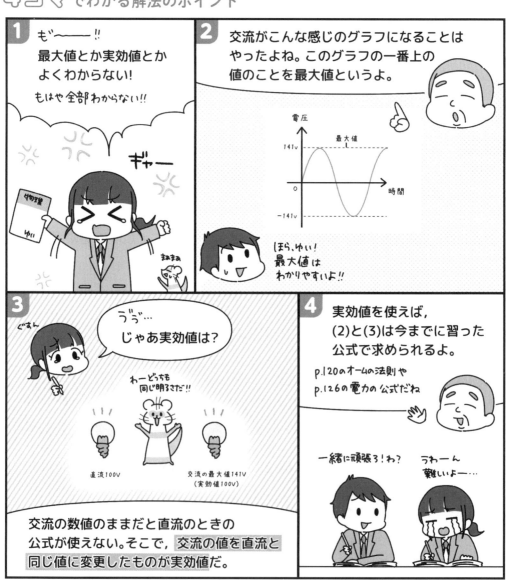

解答 & 解説

解く前の準備

例えば交流電圧の最大値が 141 V であれば，直流 100 V と同じはたらきをする。このように交流電圧や交流電流の大きさには，直流と同等のはたらきをするような値が用いられる。このような値を**実効値**という。

解答

(1) 交流電圧の最大値が 141 V は直流 100 V と同じはたらきをする。

よって実効値は **100 V** 〈答え〉

(2) p.121 の㊺式を使って，交流電流の実効値 I_e を求める。電圧の実効値が 100 V，抵抗が 400 Ω なので，㊺式に $V_e = 100$ V，$R = 400$ Ω を代入して

$$100 \text{ V} = 400 \text{ Ω} \times I_e$$

$$I_e = \frac{100 \text{ V}}{400 \text{ Ω}} = \textbf{0.25 A} \text{〈答え〉}$$

(3) p.127 の㊾式を使って，消費される電力 P を求める。(2)より電圧の実効値が 100 V，電流の実効値が 0.25 A なので，㊾式に $V_e = 100$ V，$I_e = 0.25$ A を代入して

$$P = 0.25 \text{ A} \times 100 \text{ V} = \textbf{25 W} \text{〈答え〉}$$

● **まとめ：実効値**

・交流電圧や交流電流について，直流と同等のはたらきをするような値を**実効値**という。

変圧器は何の役に立つの？

家庭のコンセントから得られるような交流は，変圧器を使うと簡単に電圧を変えることができる。変圧器はどのようなものか学んでいこう。

例題

一次コイルの巻き数が 600 回，二次コイルの巻き数が 1200 回の変圧器があり，一次コイルに実効値 200 V の交流電源をつなぐ。このとき，二次コイルに生じる電圧の実効値は何 V か。

4コマでわかる解法のポイント

1

変圧器って初めて聞きました！どんなものですか？

変圧器は，鉄芯に巻き数が違う2つのコイルを巻きつけた装置のことだよ。

ふーん…それって，何に使うものなの？

2

変圧器を使えば，もとの交流電圧よりも大きな電圧や小さな電圧に変えることができるんだ。

ふーん…

へ〜

3

ん？電圧を変えることに何の意味があるんだろう… ？？？

例えば発電所で発電された電気を変圧器で大きな電圧に変えることで，みんなのところにたくさんの電気を届けられているんだよ。

4

ちなみにどれくらい変えられるかは，次の比の式で決まるんだ。

コイルの巻き数が重要だね

巻き数 ： 巻き数 ＝ 実効値 ： 実効値
（一次コイル）（二次コイル）　（一次コイル）（二次コイル）

へ〜！こんな式もあるんだね〜

解答 & 解説

解く前の準備

変圧器は，右図のように，鉄芯に巻き数が異なる2つのコイルを巻き付けた構造をしている。

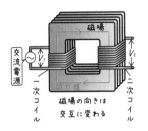

一次コイルに交流電流を流すと，鉄芯コイルの中には周期的に変化する磁場が発生する。この一次コイルの中の磁力線は鉄芯に閉じ込められて二次コイルの中を貫く。二次コイルの中の磁場が周期的に変化するため，電磁誘導によって二次コイルにも交流電流が流れる。このとき，二次コイルに流れる電流の周波数は一次コイルと等しくなる。また，一次コイルと二次コイルの電圧の実効値の比はコイルの巻き数の比と等しくなる。

変圧器では，一次コイルと二次コイルの交流電圧の比 $V_1 : V_2$ は巻き数の比 $N_1 : N_2$ に等しいので次の式が成り立つ。

$$V_1 : V_2 = N_1 : N_2 \quad \cdots\cdots ㊳$$

解答

㊳式より，二次コイルに生じる電圧の実効値 V_2 を求める。一次コイルの巻き数が600回，二次コイルの巻き数が1200回，一次コイルにつないだ交流電圧の実効値が200Vなので，$N_1 = 600$ 回，$N_2 = 1200$ 回，$V_1 = 200$ V を㊳式に代入して

$$200\,\text{V} : V_2 = 600 : 1200$$
$$V_2 = 400\,\text{V} \quad \boxed{答え}$$

● まとめ：変圧器

・変圧器において，一次コイルと二次コイルの交流電圧の比は巻き数の比に等しくなる。

$$V_1 : V_2 = N_1 : N_2$$

V_1：一次コイルの交流電圧〔v〕　　V_2：二次コイルの交流電圧〔v〕

N_1：一次コイルの巻き数〔回〕　　N_2：二次コイルの巻き数〔回〕

5章

電気と磁気

電磁波
電気と磁気による波

携帯電話，リモコン，レントゲン写真などは，すべて電磁波を利用してる。
では，電磁波とはどのようなものなのか。

例題

次の各問いに答えよ。ただし，光の速さを 3.0×10^8 m/s とする。

(1) 電磁波の速さは何 m/s か。

(2) 周波数 10 GHz（＝ 1.0×10^{10} Hz）の電波の波長は何 m か。

(3) 赤外線と紫外線では，どちらの方が波長が長いか。

4コマでわかる解法のポイント

解く前の準備

空気の電気的変化と磁気的変化が波として伝わっていく。この波のことを電磁波という。電磁波の進む速さは，光が進む速さと等しく 3.0×10^8 m/s で，電磁波の種類に関係なく一定である。

電磁波の速さを c〔m/s〕，振動数を f〔Hz〕，波長を λ〔m〕とすると，その関係は次の式で求めることができる。

$$c = f\lambda \qquad \cdots\cdots ㊴$$

また，電磁波の種類と波長は次の表の通りである。

種類	電波　赤外線　　可視光線　　　紫外線　　　X線　　　γ線
	赤・橙・黄・緑・青・藍・紫
波長	長い ⟵　　　　　　　　　　　　　　　⟶ 短い
振動数	小さい ⟵　　　　　　　　　　　　　　　⟶ 大きい

解答

(1) 電磁波の速さは種類に関係なく，光が進む速さと等しいので
　　3.0×10^8 m/s 〔答え〕

(2) ㊴式を使って，波長 λ を求める。電磁波の速さが 3.0×10^8 m/s，振動数が 1.0×10^{10} Hz なので，$c = 3.0 \times 10^8$ m/s，$f = 1.0 \times 10^{10}$ Hz を㊴式に代入して
　　　　3.0×10^8 m/s $= 1.0 \times 10^{10}$ Hz $\times \lambda$
　　　　　　$\lambda = 3.0 \times 10^{-2}$ m 〔答え〕

(3) 赤外線と紫外線で波長が長いのは赤外線 〔答え〕

まとめ：電磁波

・空気の電気的変化と磁気的変化が電磁波として伝わっていく。

・電磁波の速さ，振動数，波長の関係は次の式で求められる。

　　$c = f\lambda$ 　　c：電磁波の速さ〔m/s〕　　f：振動数〔Hz〕　　λ：波長〔m〕

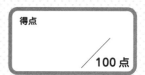
5章 電気と磁気　　　　→ 答えは156〜157ページ

1

図のように 2.0 Ω の抵抗 A と 3.0 Ω の抵抗 B を直列接続し，6.0 V の電源に接続した。次の各問いに答えよ。

❶❷❸：10 点

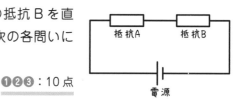

❶ 抵抗 A と抵抗 B の合成抵抗は何 Ω か。 〔　　　　　　〕

❷ 回路に流れる電流は何 A か。 〔　　　　　　〕

❸ 抵抗 A で消費する電力は何 W か。 〔　　　　　　〕

2

図のように 2.0 Ω の抵抗 A と 3.0 Ω の抵抗 B を並列接続し，6.0 V の電源に接続した。次の各問いに答えよ。

❶❷❸：10 点

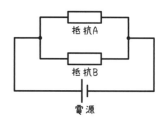

❶ 抵抗 A と抵抗 B の合成抵抗は何 Ω か。 〔　　　　　　〕

❷ 回路に全体に流れる電流は何 A か。 〔　　　　　　〕

❸ 抵抗 B で消費する電力は何 W か。 〔　　　　　　〕

3

図のように，磁石のN極を下向きにしてコイルに近づけたところ，検流計の針は一瞬だけ－側にふれた。このとき，次の各問いに答えよ。

❶❷❸：10点

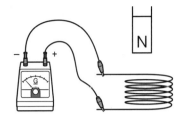

❶ S極を下向きにしてコイルに近づけたとき，検流計の針は＋側と－側のどちらに触れるか。 〔　　　　　〕

❷ N極を下向きにしてコイルから遠ざけたとき，検流計の針は＋側と－側のどちらに触れるか。 〔　　　　　〕

❸ S極を下向きにしてコイルから遠ざけたとき，検流計の針は＋側と－側のどちらに触れるか。 〔　　　　　〕

4

巻き数が500回の一次コイルに，実効値140Vの交流電源をつなぐ。二次コイルに生じる実効値を210Vにしたいとき，二次コイルの巻き数を何回にすればよいか。

10点

〔　　　　　〕

エネルギーの変換
エネルギーは移り変わる！

ついに6章に突入だ。6章のテーマは『物理学の拓くみらい』だ。自然界にはさまざまなエネルギーが存在するが、それらは互いに変換できるんだ。

例題

(1) 水力発電における，高い位置にある水がもつエネルギーは何か。

(2) 原子力発電における，ウランがもつエネルギーは何か。

(3) 乾電池は何エネルギーを何エネルギーに変えるものか。

(4) エネルギー変換の前後で，エネルギーの総量はどうなるか。

4コマでわかる解法のポイント

1

水力発電ってどうやって電気をつくっているんですか？

ドババー

そりゃ水の勢いでドババーっとザブーンっと…

うんうん（笑）

高い位置から流れる水の勢いでタービンを回して電気をつくるんだ。

位置エネルギー → 運動エネルギー → 電気エネルギー
（高い水がもつ）　　（タービンが回る）

2

じゃあ原子力発電は？

ウランなどの核燃料を核反応させて，そのときにできた水蒸気でタービンを回して電気をつくっているよ。

核エネルギー → 運動エネルギー → 電気エネルギー
（ウランなどがもつ）（タービンが回る）

3

発電以外にも，身のまわりではエネルギーは色々と変化しているよ。

光電池

スピーカー

光エネルギー ⇄ 電気エネルギー ⇄ 音エネルギー

豆電球　すごーい!!　マイク

4

ただ，これだけ変化してもすべてのエネルギーの総量は必ず同じになるんだ。これをエネルギー保存則というよ。

へー！

上手〜!!

ルンルルン♪

解答 & 解説

解く前の準備

　自然界には，力学的エネルギー（運動エネルギー，位置エネルギー），熱エネルギー，電気エネルギー，光エネルギー，核エネルギー，化学エネルギーなどさまざまな種類のエネルギーが存在している。それらのエネルギーは互いに変換することができる。これを**エネルギーの変換**という。また，エネルギーを互いに変換してもその総和は一定である。これを**エネルギー保存の法則**という。

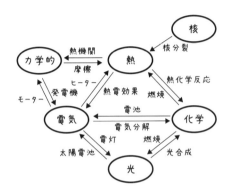

解答

(1)　水力発電において，落下する前の高い位置にある水がもつエネルギーは**位置エネルギー** 答え

(2)　原子力発電において，ウランがもつエネルギーは**核エネルギー** 答え

(3)　乾電池は，電池内の化学変化によって電気を得ている。よって**化学エネルギー**を**電気エネルギー**に変えるものである。 答え

(4)　エネルギー保存則より，エネルギー変換の前後でエネルギーの総量は常に**変化しない**。 答え

● まとめ：エネルギーの変換

・エネルギーを互いに変換してもエネルギーの総和は一定である。これを**エネルギー保存則**という。

原子核の構成

原子核ってどんなもの？

すべての物体は原子でできている。原子は原子核と電子から構成されている。この原子核がもつエネルギーについて考えよう。

例題

(1) $^{235}_{92}U$ のウランの陽子と中性子の数はそれぞれ何個か

(2) 同じ元素でも中性子の数が異なる原子を互いに何というか。

(3) 放射線の人体への影響の大きさを表す単位は何か。

(4) α 線，β 線，γ 線の中で透過力が最も強いのはどれか。

4コマでわかる解法のポイント

1

先に教えておこう。$^{235}_{92}U$というのは原子の構成を表しているよ。

質量数→ 235 U
原子番号→ 92 U

うーん
でも，陽子の数も中性子の数もわからないです…

2

大丈夫。陽子の数も中性子の数も次の関係を使えばわかるよ。

陽子の数 ＝ 原子番号
質量数 ＝ 陽子の数 ＋ 中性子の数

じゃーん

ちなみに同じ原子でも中性子の数が異なるものを同位体(アイソトープ)というんだ。

3

じゃあ放射線の単位は？

何て書くの〜??

単位	読み方	表しているもの
[Bq]	ベクレル	放射能の強さ
[Gy]	グレイ	物質が放射線を受けるときに吸収するエネルギーの大きさ
[Sv]	シーベルト	放射線の人体への影響の大きさ

放射線には様々な単位と種類があるよ。

単位はこんな感じ

4

続いて放射線の種類だ。単位と一緒に覚えておこう。

放射能	正体	透過力
α 線	ヘリウム原子核	小
β 線	電子	中
γ 線	電磁波	大

うーこれで最後…!!

ガンバレ〜!!

解く前の準備

すべての物質は**原子**からできている。原子は**原子核**と**電子**から構成されている。さらに，原子核は正の電気をもつ**陽子**と電気をもたない**中性子**から構成されていて，原子核内の陽子の数を**原子番号**，陽子と中性子の数の和を**質量数**という。また，同じ元素でも中性子の数が異なる原子のことを互いに**同位体（アイソトープ）**という。

$$\text{質量数} \rightarrow \quad {}^{235}_{92}\text{U} \qquad \begin{array}{l} \bullet \text{陽子の数=原子番号} \\ \bullet \text{質量数=陽子の数+中性子の数} \end{array}$$
$$\text{原子番号} \rightarrow$$

原子核の中には不安定なものが存在し，**放射線**を放出して安定した原子核になる。原子核が放射線を出す能力のことを**放射能**といい，放射線には以下の種類と単位がある。

〈放射線の単位〉

単位	読み方	表しているもの
〔Bq〕	ベクレル	放射能の強さ
〔Gy〕	グレイ	物質が放射線を受けるときに吸収するエネルギーの大きさ
〔Sv〕	シーベルト	放射線の人体への影響の大きさ

〈放射線の種類〉

放射能	正体	透過力
α線	ヘリウム原子核	小
β線	電子	中
γ線	電磁波	大

解答

(1) 陽子の数は原子番号と同じなので **92** であり，質量数 235 は陽子の数と中性子の数の和なので，235 − 92 ＝ **143** 答え

(2) 同じ元素でも中性子の数が異なる原子は**同位体（アイソトープ）** 答え

(3) 放射線の人体への影響の大きさを表す単位は **Sv** 答え

(4) α線，β線，γ線の中で透過力が最も強いのは**γ線** 答え

● まとめ：原子核の構成

・**原子番号**は原子核に含まれる**陽子**の数を表し，**質量数**は原子核内に含まれる陽子と**中性子**の和を表す。

1

❶ −35 km/h
❷ +10 km/h
❸ −75 km/h

解説

❶ 東向きが正であり，自動車 C は西向きに進んでいるので，符号は負になる。よって　−35 km/h

❷ p.17 で学習した⑤式を使って相対速度 V を求める。自動車 A の速度は＋30 km/h，自動車 B の速度は＋40 km/h なので，⑤式に代入して
$$V=(+40\,\text{km/h})-(+30\,\text{km/h})$$
$$=+10\,\text{km/h}$$

❸ ❷と同様にして相対速度 V を求める。自動車 B の速度は＋40 km/h，自動車 C の速度は−35 km/h なので，⑤式に代入して
$$V=(-35\,\text{km/h})-(+40\,\text{km/h})$$
$$=-75\,\text{km/h}$$

2

❶ 2.0 m/s
❷ 0.50 m/s^2
❸ 32 m

解説

❶ p.23 で学習したように，v-t グラフでは，切片が初速度 v_0 を表している。よって　$v_0=2.0$ m/s

❷ v-t グラフでは，傾きが加速度 a を表している。よって
$$a=\frac{6.0\,\text{m/s}-2.0\,\text{m/s}}{8.0\,\text{s}}$$
$$=\frac{4.0\,\text{m/s}}{8.0\,\text{s}}$$
$$=0.50\,\text{m/s}^2$$

❸ v-t グラフでは，グラフと縦軸，横軸とで囲まれた面積が移動距離 x を表している。よって台形の面積を求めると
$$x=\frac{1}{2}\times(2.0\,\text{m/s}+6.0\,\text{m/s})\times8.0\,\text{s}$$
$$=32\,\text{m}$$

3

❶ 25 m/s
❷ 29 m

解説

❶ p.27 で学習した⑬式を使って速度 v を求める。鉛直下向きが正なので，初速度は 4.9 m/s，重力加速度は 9.8 m/s^2，時間は 2.0 秒である。これらを⑬式に代入して
$$v=4.9\,\text{m/s}+9.8\,\text{m/s}^2\times2.0\,\text{s}$$
$$=24.5\,\text{m/s}$$
$$\fallingdotseq25\,\text{m/s}$$

❷ p.27 で学習した⑭式を使って距離 y を求める。鉛直下向きが正なので，初速度は 4.9 m/s，重力加速度は 9.8 m/s^2，時間は 2.0 秒である。これらを⑭式に代入して

$$y = 4.9 \text{ m/s} \times 2.0 \text{ s}$$
$$+ \frac{1}{2} \times 9.8 \text{ m/s}^2 \times (2.0 \text{ s})^2$$
$$= 29.4 \text{ m}$$
$$\fallingdotseq 29 \text{ m}$$

4 ❶ 9.80 m/s
❷ 2.00 s
❸ −19.6 m/s

解説

❶ p.29 で学習した⑯式を使って速度 v を求める。鉛直上向きが正なので，初速度は 19.6 m/s，重力加速度は −9.80 m/s²，時間は 1.00 秒である。これらを⑯式に代入して
$$v = 19.6 \text{ m/s} - 9.80 \text{ m/s}^2 \times 1.00 \text{ s}$$
$$= 9.80 \text{ m/s}$$

❷ ボールが最高点に到達したとき，速度は 0 になる。よって，❶と同様に⑯式を使って時間 t を求める。鉛直上向きが正なので，速度は 0，初速度は 19.6 m/s，重力加速度は −9.80 m/s² である。これらを⑯式に代入して
$$0 = 19.6 \text{ m/s} - 9.80 \text{ m/s}^2 \times t$$
$$9.80 \text{ m/s}^2 \times t = 19.6 \text{ m/s}$$
$$t = 2.00 \text{ s}$$

❸ ボールが戻ってきたとき，投げ上げるときと同じ高さにあるため，その速度は同じ速さで逆向きとなる。よって −19.6 m/s

定期テスト対策問題 2

（本文 56〜57 ページ）

1

❶ 20 N ❷ 17 N
❸ 0.59

解説

物体にはたらく力を図示すると，
図のようになる。

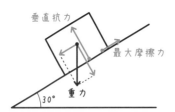

垂直抗力　最大摩擦力　重力　30°

❶ p.41 で学習した⑲式を使って
重力の大きさ W を求める。質量は
2.0 kg，重力加速度の大きさは
9.8 m/s² なので，これらを⑲式に
代入して

$$W = 2.0\,\text{kg} \times 9.8\,\text{m/s}^2$$
$$= 19.6\,\text{N} \fallingdotseq 20\,\text{N}$$

❷ 図より，物体が斜面から受ける
垂直抗力の大きさ N は重力の斜面
垂直方向の分力とつり合っている
ことがわかる。重力の斜面垂直方
向の分力の大きさは

19.6 N×cos30°

なので，斜面垂直方向での力のつ
り合いより

$$N = 19.6\,\text{N} \times \frac{\sqrt{3}}{2}$$
$$= 19.6\,\text{N} \times \frac{1.7}{2}$$
$$= 16.66\,\text{N} \fallingdotseq 17\,\text{N}$$

❸ 図より，物体が斜面から受ける
最大摩擦力の大きさ μN と重力の
斜面水平方向の分力はつり合って
いることがわかる。重力の斜面水
平方向の分力の大きさは

19.6 N×sin30°

なので，斜面水平方向での力のつ
り合いより

$$\mu \times 16.66\,\text{N} = 19.6\,\text{N} \times \frac{1}{2}$$
$$\mu = 0.588\cdots \fallingdotseq 0.59$$

2

❶ 29 N ❷ 9.8 N
❸ 下降

解説

❶ p.41 で学習した⑲式を使って
重力の大きさ W を求める。質量は
3.0 kg，重力加速度の大きさは
9.8 m/s² なので，これらを⑲式に
代入して

$$W = 3.0\,\text{kg} \times 9.8\,\text{m/s}^2$$
$$= 29.4\,\text{N} \fallingdotseq 29\,\text{N}$$

❷ p.49 で学習した㉕式を使って
浮力の大きさ F を求める。水の密
度は 1.0×10³ kg/m³，重力加速
度の大きさは 9.8 m/s² であり，物
体の体積は

0.10 m×0.10 m×0.10 m＝0.001 m³

なので，これらを㉕式に代入して

$$F = 1.0 \times 10^3\,\text{kg/m}^3 \times 0.001\,\text{m}^3$$
$$\times 9.8\,\text{m/s}^2$$
$$= 9.8\,\text{N}$$

❸ 物体にはたらく力は図のように
なる。

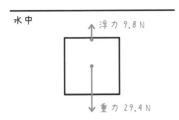

水中

↑ 浮力 9.8 N

↓ 重力 29.4 N

❶と❷より，重力の方が浮力よ
りも大きいので物体は下降する。

3

❶ 0.60 m/s^2　　❷ −0.20 m/s^2

解説

❶ p.51 で学習した㉖式を使って
加速度 a を求める。水平右向きが
正の向きであり，$F=5.0$ N なので，
物体にはたらく合力は
5.0 N-2.0 N$=3.0$ N
である。また，質量は 5.0 kg なの
で，これらを㉖式に代入して
5.0 kg$\times a=3.0$ N
$a=0.60$ m/s^2

❷ ❶と同様にして加速度 a を求め
る。物体にはたらく合力は
1.0 N-2.0 N$=-1.0$ N
なので，㉖式に代入して
5.0 kg$\times a=-1.0$ N
$a=-0.20$ m/s^2

4

❶ 物体 A　$2.0a=30-T$
　物体 B　$4.0a=T$
❷ 5.0 m/s^2　　❸ 20 N

解説

❶ p.51 で学習した㉖式を使って，
物体 A，物体 B について運動方程
式を立てる。水平右向きが正の向
きなので，物体 A の合力は $30-T$
と表せる。よって，それぞれの運
動方程式は
　物体 A　$2.0a=30-T$
　物体 B　$4.0a=T$

❷ ❶で求めた 2 つの運動方程式の
両辺を足して T を消去すると
$6.0a=30$
$a=5.0$ m/s^2

❸ ❷で求めた加速度を物体 B の運
動方程式に代入すると
4.0 kg$\times5.0$ m/s$^2=T$
$T=20$ N

定期テスト対策問題 3

（本文 84 〜 85 ページ）

1

❶ $3.0×10^2$ J　　**❷** 0 J

❸ 30 W

解説

❶ p.59 で学習した㉗式を使って仕事 W を求める。15 N の力で 20 m 動かしたので，これらを㉗式に代入して

$$W=15\,N×20\,m$$
$$=300\,J=3.0×10^2\,J$$

❷ 重力は鉛直下向きにはたらく力であり，物体は鉛直方向には移動していないので，仕事は 0 J となる。

❸ p.61 で学習した㉘式を使って仕事率 P を求める。**❶**より仕事は 300 J であり，かかった時間は 10 秒なので，これらを㉘式に代入して

$$P=\frac{300\,J}{10\,s}=30\,W$$

2

❶ $1.0×10^2$ N　　**❷** 50 J

❸ 50 J

解説

❶ p.41 で学習した⑳式を使って弾性力の大きさ F を求める。ばね定数は $1.0×10^2$ N/m であり，自然長から 1.0 m 縮めているので，これらを⑳式に代入して

$$F=1.0×10^2\,N/m×1.0\,m$$
$$=1.0×10^2\,N$$

❷ p.69 で学習した㉛式を使って弾性力による位置エネルギー U を求める。ばね定数は $1.0×10^2$ N/m であり，自然長から 1.0 m 縮めているので，これらを㉛式に代入して

$$U=\frac{1}{2}×1.0×10^2\,N/m×(1.0\,m)^2$$
$$=50\,J$$

❸ 物体の速度がわからないので，力学的エネルギー保存の法則を用いて運動エネルギー K を求める。

はじめの状態における物体がもつエネルギーは弾性力による位置エネルギーのみなので，**❷**より 50 J である。

次にばねが自然長の位置にきたときに物体がもつエネルギーは，運動エネルギー K のみである。

よって，力学的エネルギー保存の法則より

$$K=50\,J$$

3

24℃

解説

❶ 全体の温度を t〔℃〕として，水が得た熱量 Q_1 とお湯が失った熱量 Q_2 を求める。

水が得た熱量 Q_1 について，水の比熱は 4.20 J/(g・K)，水の質量は 200 g，水の温度変化は $(t-10.0)$K なので，p.77 で学習した㉞式にこ

152

れらを代入して

$Q_1 = 200\,\text{g} \times 4.20\,\text{J/(g·K)}$
$\qquad \times (t-10.0)\text{K}$
$\quad = (840t-8400)\text{J}$

次にお湯が失った熱量 Q_2 について，お湯の質量は 50.0 g，お湯の温度変化は $(80.0-t)\text{K}$ なので，㉞式にこれらを代入して

$Q_2 = 50.0\,\text{g} \times 4.20\,\text{J/(g·K)}$
$\qquad \times (80.0-t)\text{K}$
$\quad = (-210t+16800)\text{J}$

熱量の保存より，$Q_1 = Q_2$ なので
$840t-8400 = -210t+16800$
$\qquad 1050t = 25200$
$\qquad\qquad t = 24.0\,℃$

4
❶ −80 J
❷ 1.5×10^2 J
❸ 0.25

解説

❶ p.81 で学習した㊱式を使って内部エネルギーの変化量 $\varDelta U$ を求める。加えた熱量が 40 J であり，外部に 1.2×10^2 J の仕事をしたので，外部からは -1.2×10^2 J の仕事をされたことになる。よって，これらを㊱式に代入して

$\varDelta U = 40\,\text{J} + (-1.2 \times 10^2\,\text{J})$
$\qquad = -80\,\text{J}$

❷ ❶と同様に㊱式を使って加わった熱量 Q を求める。内部エネルギーの変化が 30 J であり，外部からは -1.2×10^2 J の仕事をされたので，これらを㊱式に代入して

$30\,\text{J} = Q + (-1.2 \times 10^2\,\text{J})$
$\quad Q = 150\,\text{J} = 1.5 \times 10^2\,\text{J}$

❸ p.83 で学習した㊲式を使って熱効率 e を求める。加えた熱量が 6.0×10^2 J であり，外部に 1.5×10^2 J の仕事をしたので，これらを㊲式に代入して

$e = \dfrac{1.5 \times 10^2\,\text{J}}{6.0 \times 10^2\,\text{J}}$
$\quad = 0.25$

解答解説

1 ❶ 振幅　0.20 m　波長 1.0 m
　　振動数 2.0 Hz　周期 0.50 s
　　❷

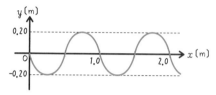

解説

❶ 問題のグラフより，振幅は y の最大値なので 0.20 m

　波長は波 1 つ分の長さなので，1.0 m

　振動数 f は p.89 で学習した㊴式を使って求めることができる。波の速さは 2.0 m/s であり，波長は 1.0 m なので，これらを㊴式に代入して

　　2.0 m/s＝f×1.0 m

　　　　　f＝2.0 Hz

　周期 T は p.89 で学習した㊳式を使って求めることができる。振動数は 2.0 Hz なので，これを㊳式に代入して

　　2.0 Hz＝$\dfrac{1}{T}$

　　　T＝$\dfrac{1}{2.0 \text{ Hz}}$＝0.50 s

❷ 波の速さが 2.0 m/s なので，0.25 秒後は

　　2.0 m/s×0.25 s＝0.50 m

進んだことになる。よって，問題

のグラフから x 軸方向に 0.50 m だけ進めればよいので，解答の図のようになる。

2 ❶ 346.5 m/s　❷ 0.87 m

解説

❶ p.103 で学習した㊶式を使って空気中での音速の数値 V を求める。気温 25℃の数値を㊶式に代入して

　　V＝331.5＋0.6×25

　　　＝346.5

　　よって，346.5 m/s

❷ p.103 で学習した㊵式を使って波長 λ を求める。❶ より音速が 346.5 m/s であり，振動数が 4.0×10² Hz なので，これらを㊵式に代入して

　　346.5 m/s＝4.0×10² Hz×λ

　　λ＝$\dfrac{346.5 \text{ m/s}}{4.0 \times 10^2 \text{ Hz}}$

　　　＝0.86625 m

　　≒0.87 m

3 ❶ 2.0 m　❷ 1.2×10³ m/s
　　❸ 1.2×10³ Hz

解説

❶ 問題の図より，おんさ A と滑車の距離が 1 波長分なので，2.0 m

❷ p.89 で学習した㊴式を使って波の速さ v を求める。振動数は 6.0×10² Hz であり，波長は 2.0 m な

ので，これらを㊵式に代入して

$v = 6.0 \times 10^2\,\text{Hz} \times 2.0\,\text{m}$

$\quad = 12 \times 10^2\,\text{m/s}$

$\quad = 1.2 \times 10^3\,\text{m/s}$

❸ おんさ B に取りかえると腹の数が 4 つになるので，図のようになる。

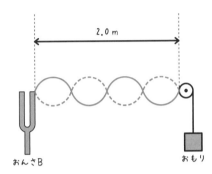

2.0 m

おんさB　　　　　おもり

図より，おんさ B と滑車の距離が 2 波長分なので，1 波長は

$2.0\,\text{m} \div 2 = 1.0\,\text{m}$

である。また❷より速さは $1.2 \times 10^3\,\text{m/s}$ なので，これらを㊵式に代入して振動数 f を求めると

$1.2 \times 10^3\,\text{m/s} = f \times 1.0\,\text{m}$

$\qquad\qquad f = 1.2 \times 10^3\,\text{Hz}$

4 ❶ 0.24 m　　❷ 2.0 cm

[解説]

❶ 水の入った円筒は閉管なので，共鳴が起こったときの波のようすは図のようになる。

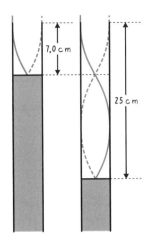

7.0 cm

25 cm

図より，1 回目にと 2 回目に共鳴が起きた気柱の長さの差が，1 波長 λ の半分の長さになるので

$\dfrac{1}{2}\lambda = 0.25\,\text{m} - 0.07\,\text{m}$

$\quad \lambda = 0.36\,\text{m}$

❷ 開口端補正とは，管からはみ出ている波の長さのことである。1 回目の共鳴が起こるのは 1 波長の $\dfrac{1}{4}$ の長さの $0.09\,\text{m} = 9.0\,\text{cm}$ である。しかし，管口から水面までの距離が 7.0 cm なので，この差がはみ出る分になる。よって，開口端補正 $\Delta\ell$ は

$\Delta\ell = 9.0\,\text{cm} - 7.0\,\text{cm} = 2.0\,\text{cm}$

1

❶ 5.0 Ω　　❷ 1.2 A

❸ 2.9 W

解説

❶ p.123 で学習した㊻式を使って直列接続の合成抵抗 R を求める。抵抗 A の抵抗値は 2.0 Ω，抵抗 B の抵抗値は 3.0 Ω なので，これらを㊻式に代入して

$$R = 2.0\ \Omega + 3.0\ \Omega = 5.0\ \Omega$$

❷ 合成抵抗とみなした場合の回路図は次のようになる。

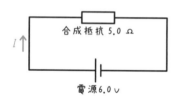

p.121 で学習した㊺式を使って回路に流れる電流 I を求める。❶で求めた合成抵抗は 5.0 Ω であり，電源の電圧は 6.0 V なので，これらを㊺式に代入して

$$6.0\ V = 5.0\ \Omega \times I$$

$$I = \frac{6.0\ V}{5.0\ \Omega} = 1.2\ A$$

❸ 抵抗 A での消費電力を求めるためには，p.127 で学習した㊾式より，抵抗 A を流れる電流 I と抵抗 A の電圧 V を求める必要がある。

直列回路において，電流はどこも同じ大きさなので，$I = 1.2$ A

抵抗 A での電圧 V は㊺式を使って求める。電流は 1.2 A，抵抗値は 2.0 Ω なので，これらを㊺式に代入して

$$V = 2.0\ \Omega \times 1.2\ A = 2.4\ V$$

よって，抵抗 A で消費する電力 P は，電流 1.2 A と電圧 2.4 V を㊾式に代入して

$$P = 1.2\ A \times 2.4\ V$$

$$= 2.88\ W \fallingdotseq 2.9\ W$$

2

❶ 1.2 Ω　　❷ 5.0 A

❸ 12 W

解説

❶ p.123 で学習した㊼式を使って並列接続の合成抵抗 R を求める。抵抗 A の抵抗値は 2.0 Ω，抵抗 B の抵抗値は 3.0 Ω なので，これらを㊼式に代入して

$$\frac{1}{R} = \frac{1}{2.0\ \Omega} + \frac{1}{3.0\ \Omega} = \frac{5.0}{6.0\ \Omega}$$

$$R = \frac{6.0\ \Omega}{5.0} = 1.2\ \Omega$$

❷ 合成抵抗とみなした場合の回路図は次のようになる。

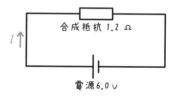

p.121 で学習した㊺式を使って回路に流れる電流 I を求める。❶で求めた合成抵抗は 1.2 Ω であり，電源の電圧は 6.0 V なので，これらを㊺式に代入して

$6.0\,V=1.2\,\Omega\times I$

$$I=\frac{6.0\,V}{1.2\,\Omega}=5.0\,A$$

❸ 抵抗 B での消費電力を求めるためには，p.127 で学習した㊾式より，抵抗 B を流れる電流 I と抵抗 B の電圧 V を求める必要がある。

　並列回路において，電圧はどこも同じ大きさなので，$V=6.0\,V$

　抵抗 B での電流 I は㊺式を使って求める。電圧は 6.0 V，抵抗値は 3.0 Ω なので，これらを㊺式に代入して

$6.0\,V=3.0\,\Omega\times I$

$$I=\frac{6.0\,V}{3.0\,\Omega}=2.0\,A$$

　よって，抵抗 B で消費する電力 P は，電流 2.0 A と電圧 6.0 V を㊾式に代入して

$P=2.0\,A\times6.0\,V=12\,W$

3 ❶ ＋側　　❷ ＋側
　　❸ －側

解説

　問題より，N 極を下向きに近づけると，検流計の－側にふれることがわかる。検流計の針のふれる向きは電流の向きによって決まり，電流の向きは，磁石の移動による磁束の変化によって決まる。

❶ 「S 極を近づける」より，N 極から S 極に変わっているため，電流は逆向きに流れる。よって＋側。

❷ 「N 極を遠ざける」より，近づけるから遠ざけるに変わっているため，電流は逆向きに流れる。よって＋側。

❸ 「S 極を遠ざける」より，N 極から S 極，近づけるから遠ざけるに変わっているため，電流は同じ向きに流れる。よって－側。

4 750 回

解説

　p.139 で学習した㊝式を使って二次コイルの巻き数 N を求める。一次コイルの巻き数が 500 回，実効値が 140 V であり，二次コイルの実効値が 210 V なので，これらを㊝式に代入して

$140\,V:210\,V=500\,回:N$

$140\,V\times N=210\,V\times500\,回$

$N=750\,回$

4コマでわかる高校物理基礎

カバーデザイン	石川清香（Isshiki）
本文デザイン	羽根田香乃（Isshiki）
	石川清香（Isshiki）
4コマまんが・イラスト	ももひら
編集協力	株式会社ダブル ウイング　林千珠子
データ作成	株式会社ユニックス
印刷所	株式会社リーブルテック